A
7세-초등 1학년

하루 **10**분, 계산력이 강해진다!

날마다 10분 계산력

KB219929

애플비
applebeebooks

권별 목차 한눈에 보기

● 〈날마다 10분 계산력〉은 취학 전 유아부터 초등학교 3학년 과정까지 연계하여 공부할 수 있는 계산력 집중 강화 훈련 프로그램이에요.

● 계산의 개념을 익히기 시작하는 취학 전 아동부터(K단계, P단계) 반복적인 계산 훈련이 집중적으로 필요한 초등학교 1~3학년까지(A단계, B단계, C단계) 모두 5단계로, 각 단계별 4권씩 총 20권으로 구성되어 있어요.

● 한 권에는 하루에 한 장씩 총 8주(2달) 분량의 학습 내용이 담겨 있으며, 학기별로 2권씩, 1년 동안 총 4권으로 하나의 단계를 완성할 수 있어요.

● 각 단계들은 앞 단계와 뒷 단계의 학습 내용과 자연스럽게 이어져, 하나의 단계를 완성한 뒤에는 바로 뒤의 단계로 이어 학습하면 돼요.

● 각 단계별로 권장 연령이 표기되어 있기는 하지만, 그보다는 자신의 수준에 맞추는 것이 중요해요. 권별 목차의 내용을 보고, 수준에 알맞은 단계를 찾아 시작해 보세요.

K
유아 5~6세

P
유아 6~7세

A

7세~초등 1학년

B

초등 2학년

C

초등 3학년

이렇게 구성되었어요!

25단계~32단계까지, 총 8단계로 구성되어요.
한 권은 8주(2달) 분량이에요.

공부한 날짜를 쓰고 시작하세요.
한 번에 많은 양을 공부하기보다는
날마다 꾸준히 공부하는 것이
계산력 향상에 도움이 돼요.

25 단계 10을 가르고 모으기

10을 가르고 모으는 연습을 해 봅니다.
10을 가르고 모으는 활동은
받아올림이 있는 덧셈과 받아내림이
있는 뺄셈의 기초가 되는 매우
중요한 학습으로 익숙해질 때까지 반복해서 연습하는 것이 좋습니다.

이렇게 계산해요!

● 10을 가르기
10을 두 수로 갈라 보아요.

각 단계의 맨 첫 장에는,
이번 단계에서 공부할 내용에 대한
개념 및 풀이 방법이 담겨 있어요.
문제를 풀기 전에
반드시 읽고 시작하세요.

5 일차 10을 가르고 모으기 공부한 날짜 월 일
4 일차 10을 가르고 모으기 공부한 날짜 월 일
3 일차 10을 가르고 모으기 공부한 날짜 월 일
2 일차 10을 가르고 모으기 공부한 날짜 월 일
1 일차 10을 가르고 모으기 공부한 날짜 월 일

빈칸에 알맞은 답을 써넣으세요.

10

10

10

10

빈칸에 알맞은 답을 써넣으세요.

| 10 | 10 | 10 |
| 9 | 2 | 7 |

| 10 | 10 | 10 |
| 4 | 5 | 6 |

| 10 | 10 | 10 |
| 3 | 8 | 1 |

| 10 | 10 | 10 |
| 8 | 4 | 7 |

| 10 | 10 | 10 |
| 5 | 3 | 1 |

하나의 개념을 5일 동안 공부해요.
날마다 일정한 시간을 정해 두고,
하루에 한 장씩 공부하다 보면
계산 실력이 몰라보게 향상될 거예요.

계산 원리를 보여 주는 페이지와 계산 훈련 페이지를
함께 구성하여, 문제의 개념과 원리를 자연스럽게 이해하며
문제를 풀 수 있도록 했어요. 이는 반복 계산의 지루함을
줄여줄 뿐 아니라, 사고력과 응용력을 길러 주어
문장제 문제 풀이의 기초를 다질 수 있어요.

각 단계의 마지막 장에
문제의 정답이 담겨 있어요.
얼마나 잘 풀었는지
확인해 보세요.

권말에는 각 단계의 내용을 담은 실력 테스트가 있어요.
그동안 얼마나 열심히 공부했는지 나의 실력을 확인하고, 공부했던 내용을 복습해 보세요.

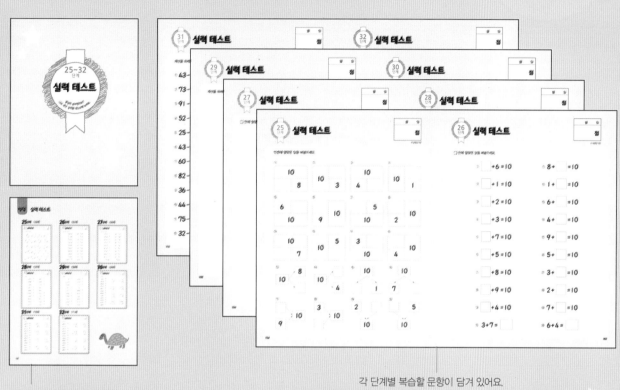

정답을 보고, 몇 점인지 확인해 보세요.

각 단계별 복습할 문항이 담겨 있어요.

 # 이렇게 공부해요!

👆 스스로 날마다 꾸준히, 시간을 정해 공부해요.

〈날마다 10분 계산력〉은 매일 조금씩 부담스럽지 않게 진도를 나갈 수 있도록 구성되어 있어요.
날마다 시간을 정해 두고, 조금씩 꾸준히 공부하는 습관을 길러요.

✌️ 너무 어렵게 느껴진다면, 전 단계 교재를 활용하세요.

문제가 너무 어렵게 느껴지면 계속 그 단계에 머물며 어려워하지 말고, 바로 전 단계로 돌아가세요.
전 단계의 개념을 한 번 훑은 다음, 틀린 문제 중심으로 다시 풀어 보면 다음 단계가 훨씬 쉬워져요.

🖐️ 정답 페이지는 정답을 확인할 때만 보세요.

어려운 문제의 정답이 궁금하다고 정답 페이지를 보게 되면, 개념을 이해하지 못한 채 답만 알게 되어
학습 효과가 떨어져요. 그럴 때는 정답 페이지가 아닌 개념 설명을 다시 한 번 보는 습관을 기르세요.

A4 10을 이용한 덧셈과 뺄셈
목차

25 단계

10을 가르고 모으기

10을 가르고 모으는 연습을 해 봅니다. 10을 가르고 모으는 활동은 받아올림이 있는 덧셈과 받아내림이 있는 뺄셈의 기초가 되는 매우 중요한 학습으로 익숙해질 때까지 반복해서 연습하는 것이 좋습니다.

이렇게 계산해요!

★ 10을 가르기

10을 두 수로 갈라 보아요.

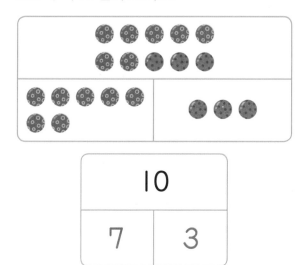

10	
7	3

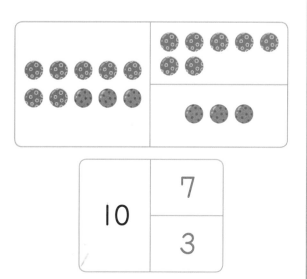

10	7
	3

★ 10을 모으기

10이 되도록 두 수를 모아 보아요.

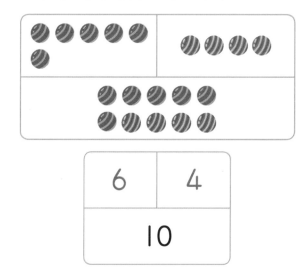

6	4
10	

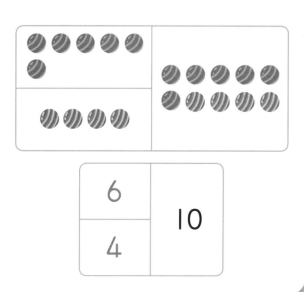

6	
4	10

1_{일차} 10을 가르고 모으기

빈칸에 알맞은 답을 써넣으세요.

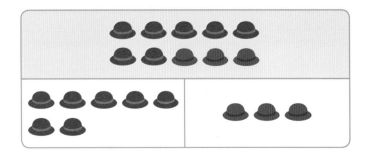

10	
7	3

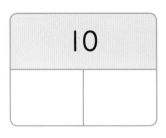

10	

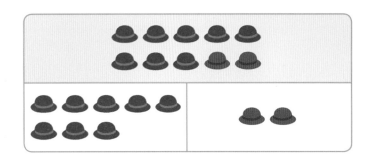

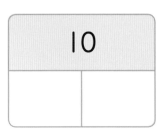

10	

10	

빈칸에 알맞은 답을 써넣으세요.

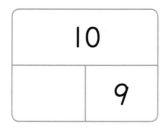

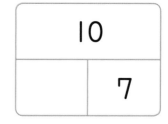

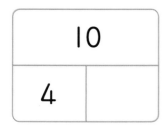

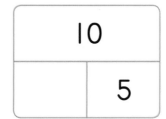

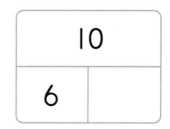

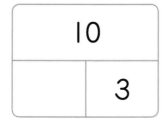

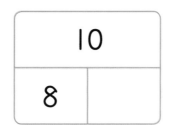

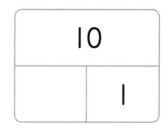

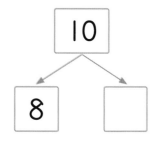

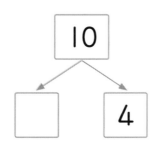

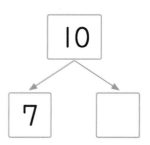

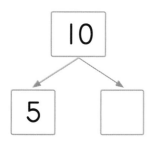

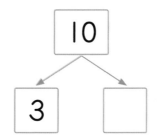

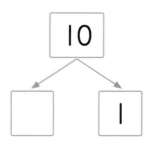

9

2 일차 10을 가르고 모으기

빈칸에 알맞은 답을 써넣으세요.

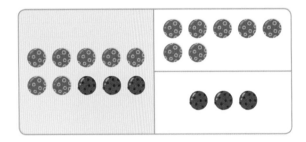

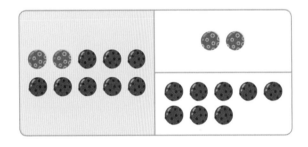

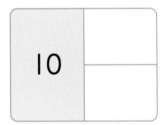

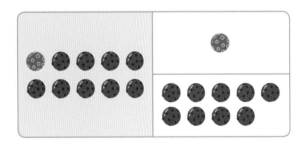

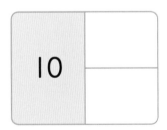

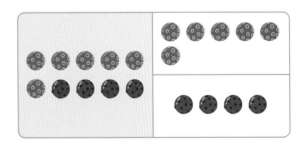

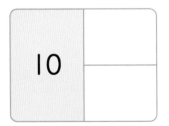

빈칸에 알맞은 답을 써넣으세요.

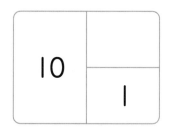

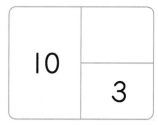

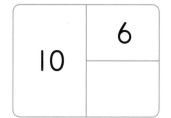

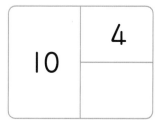

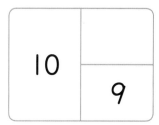

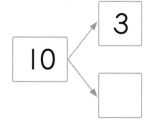

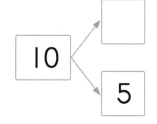

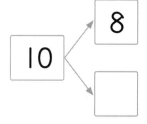

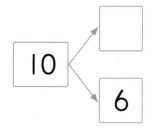

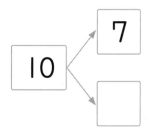

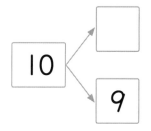

11

3 일차 10을 가르고 모으기

빈칸에 알맞은 답을 써넣으세요.

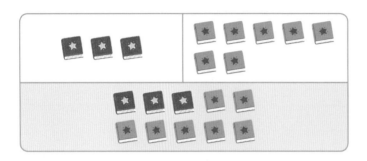 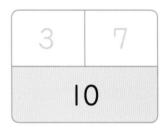

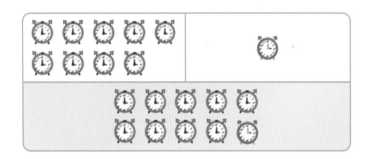 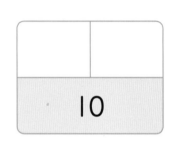

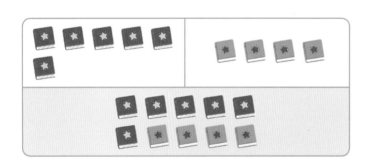 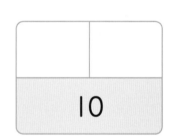

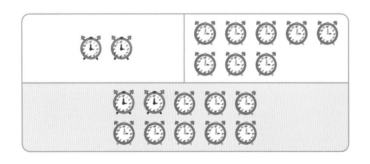

빈칸에 알맞은 답을 써넣으세요.

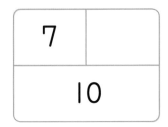
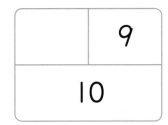
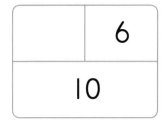

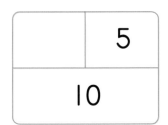
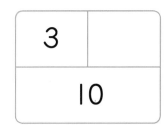

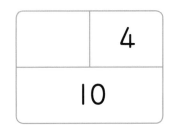
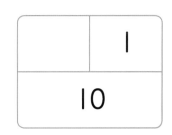

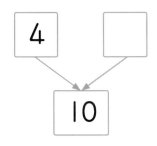
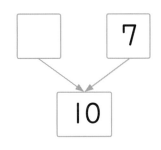
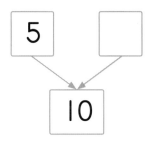

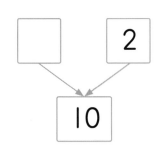
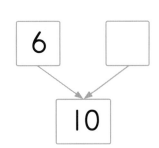
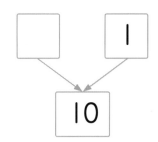

13

4 일차 10을 가르고 모으기

빈칸에 알맞은 답을 써넣으세요.

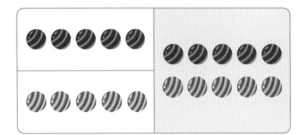

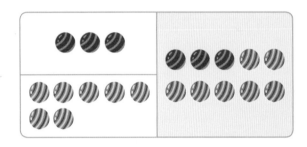
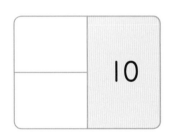

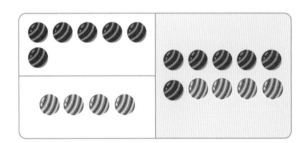
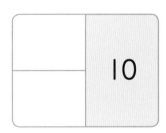

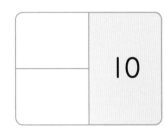

빈칸에 알맞은 답을 써넣으세요.

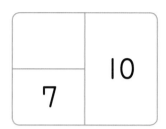

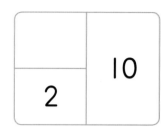

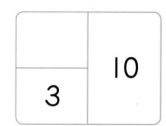

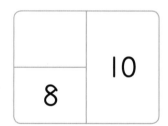
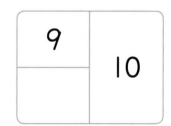
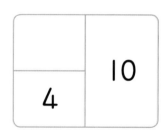

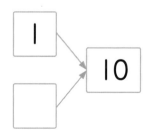
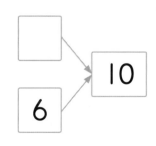
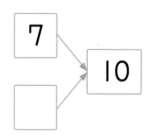

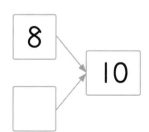
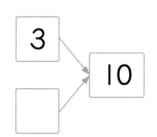
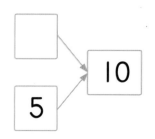

빈칸에 알맞은 답을 써넣으세요.

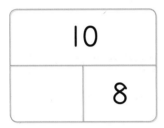
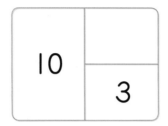
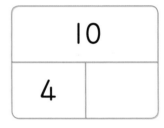

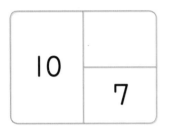
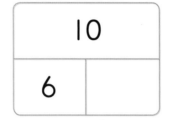
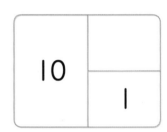

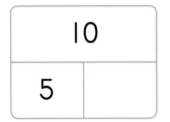
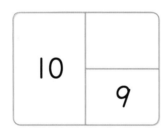
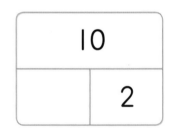

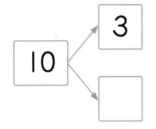
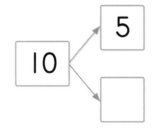
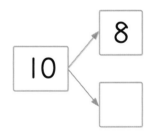

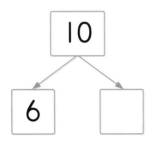
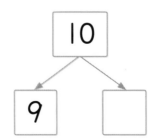
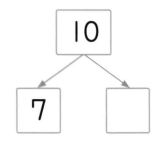

빈칸에 알맞은 답을 써넣으세요.

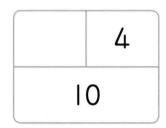

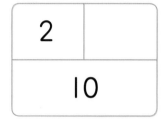

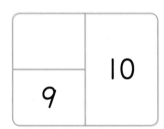

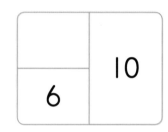

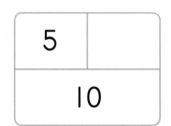

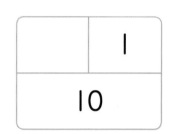

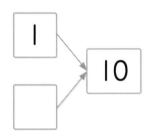

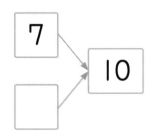

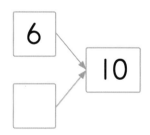

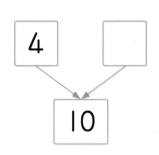

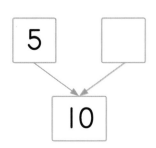

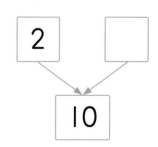

8~9쪽

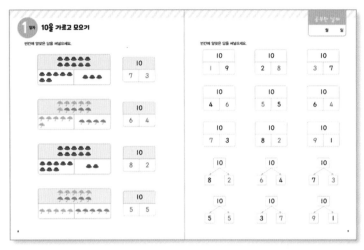

10~11쪽

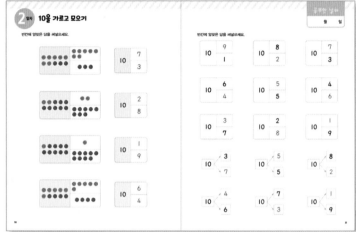

12~13쪽

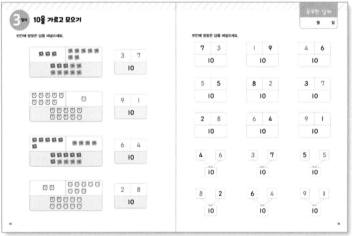

14~15쪽

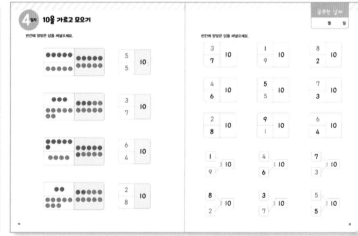

16~17쪽

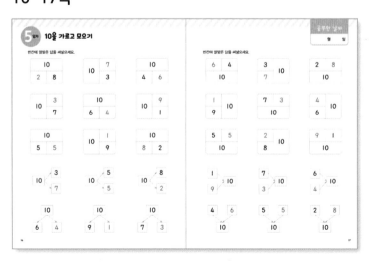

1+9

26
단계

10이 되는 더하기

10을 모아 보는 활동에 이어, 합이 10이 되는 더하기를 하고 덧셈식을 완성해 봅니다. 10이 되는 더하기를 통해 10의 보수 관계를 확실하게 익히고 받아올림이 있는 덧셈을 하기 위한 기초를 다질 수 있습니다.

이렇게 계산해요!

★ 10이 되는 더하기

그림, 모으기 표, 수직선 등을 보고 10이 되는 더하기를 하고 덧셈식을 완성해 보아요.

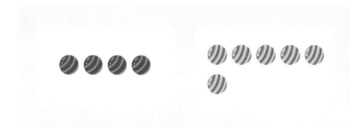

$$4 + 6 = 10$$

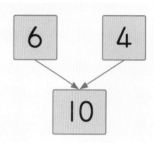

$$6 + 4 = 10$$

$$3 + 7 = 10$$

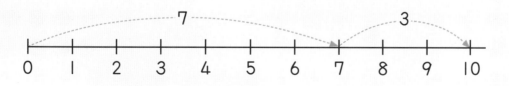

$$7 + 3 = 10$$

10이 되는 더하기

□ 안에 알맞은 답을 써넣으세요.

$4 + 6 = 10$

$\boxed{} + 2 = 10$

$\boxed{} + 5 = 10$

$\boxed{} + 7 = 10$

$\boxed{} + 3 = 10$

$\boxed{} + 4 = 10$

$\boxed{} + 1 = 10$

$\boxed{} + 8 = 10$

□ 안에 알맞은 답을 써넣으세요.

7	3
10	

☐ +3 =10

8	2
10	

☐ +2 =10

1	9
10	

☐ +9 =10

4	6
10	

☐ +6 =10

5	5
10	

☐ +5 =10

2	8
10	

☐ +8 =10

9	1
10	

☐ +1 =10

6	4
10	

☐ +4 =10

3	7
10	

☐ +7 =10

10이 되는 더하기

□ 안에 알맞은 답을 써넣으세요.

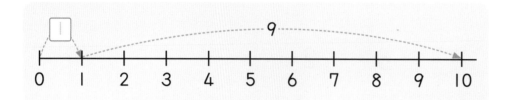

$\boxed{1} + 9 = 10$

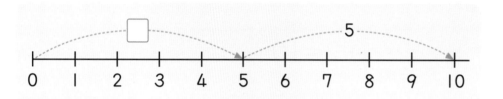

$\boxed{} + 5 = 10$

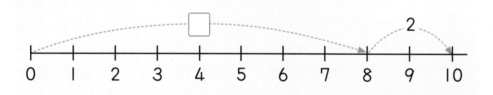

$\boxed{} + 2 = 10$

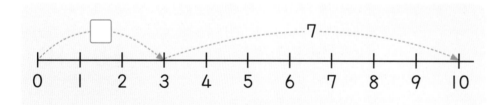

$\boxed{} + 7 = 10$

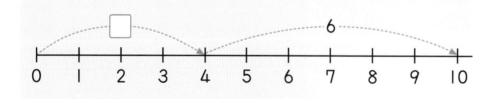

$\boxed{} + 6 = 10$

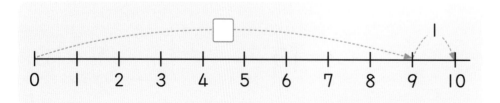

$\boxed{} + 1 = 10$

□ 안에 알맞은 답을 써넣으세요.

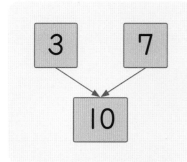

$\boxed{}$ +7 =10

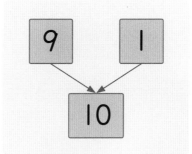

$\boxed{}$ +1 =10

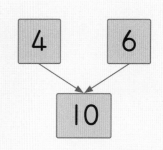

$\boxed{}$ +6 =10

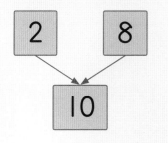

$\boxed{}$ +8 =10

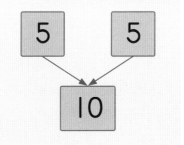

$\boxed{}$ +5 =10

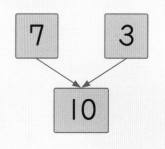

$\boxed{}$ +3 =10

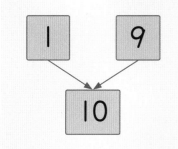

$\boxed{}$ +9 =10

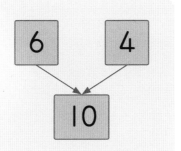

$\boxed{}$ +4 =10

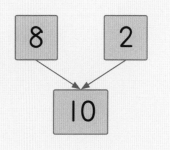

$\boxed{}$ +2 =10

3 일차 10이 되는 더하기

□ 안에 알맞은 답을 써넣으세요.

$7 + \boxed{3} = 10$

$4 + \boxed{} = 10$

$8 + \boxed{} = 10$

$9 + \boxed{} = 10$

$5 + \boxed{} = 10$

$6 + \boxed{} = 10$

$3 + \boxed{} = 10$

□ 안에 알맞은 답을 써넣으세요.

8	10
2	

$8 + \boxed{} = 10$

9	10
1	

$9 + \boxed{} = 10$

6	10
4	

$6 + \boxed{} = 10$

3	10
7	

$3 + \boxed{} = 10$

4	10
6	

$4 + \boxed{} = 10$

5	10
5	

$5 + \boxed{} = 10$

1	10
9	

$1 + \boxed{} = 10$

2	10
8	

$2 + \boxed{} = 10$

7	10
3	

$7 + \boxed{} = 10$

4일차 10이 되는 더하기

□ 안에 알맞은 답을 써넣으세요.

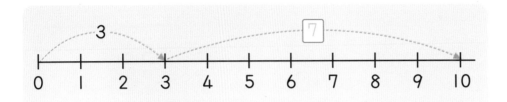

$3 + \boxed{7} = 10$

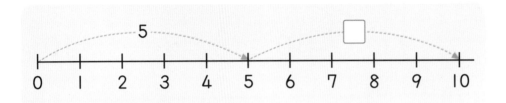

$5 + \boxed{} = 10$

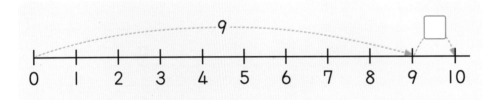

$9 + \boxed{} = 10$

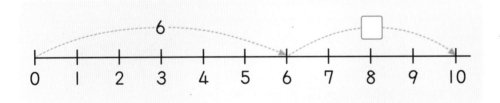

$6 + \boxed{} = 10$

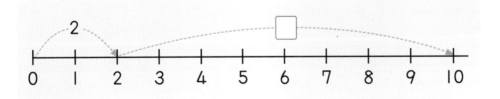

$2 + \boxed{} = 10$

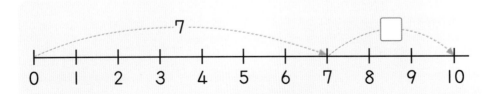

$7 + \boxed{} = 10$

□ 안에 알맞은 답을 써넣으세요.

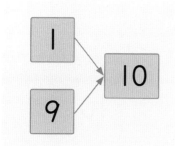

$1 + \boxed{} = 10$

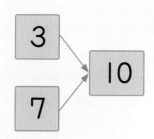

$3 + \boxed{} = 10$

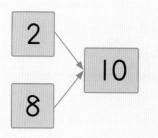

$2 + \boxed{} = 10$

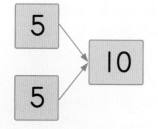

$5 + \boxed{} = 10$

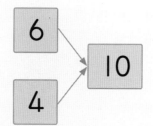

$6 + \boxed{} = 10$

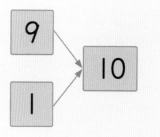

$9 + \boxed{} = 10$

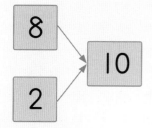

$8 + \boxed{} = 10$

$7 + \boxed{} = 10$

$4 + \boxed{} = 10$

5일차 10이 되는 더하기

□ 안에 알맞은 답을 써넣으세요.

8	2
10	

□ +2 =10

6	4
10	

□ +4 =10

2	8
10	

□ +8 =10

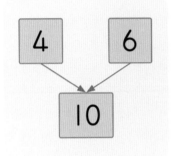

□ +6 =10

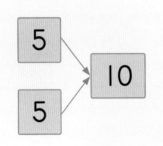

5+ □ =10

4

6

10

1

9

10

1 + □ =10

3	10
7	

3+ □ =10

9	10
1	

9+ □ =10

7	10
3	

7+ □ =10

□ 안에 알맞은 답을 써넣으세요.

$\boxed{} + 7 = 10$ $\boxed{} + 5 = 10$ $\boxed{} + 8 = 10$

$\boxed{} + 6 = 10$ $\boxed{} + 1 = 10$ $\boxed{} + 4 = 10$

$\boxed{} + 2 = 10$ $\boxed{} + 3 = 10$ $\boxed{} + 9 = 10$

$8 + \boxed{} = 10$ $4 + \boxed{} = 10$ $3 + \boxed{} = 10$

$6 + \boxed{} = 10$ $1 + \boxed{} = 10$ $2 + \boxed{} = 10$

$9 + \boxed{} = 10$ $5 + \boxed{} = 10$ $7 + \boxed{} = 10$

$4 + 6 = \boxed{}$ $8 + 2 = \boxed{}$ $5 + 5 = \boxed{}$

20~21쪽

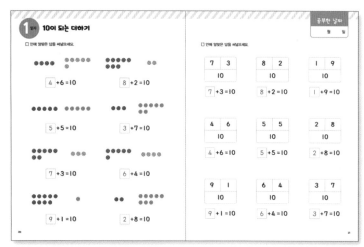

22~23쪽

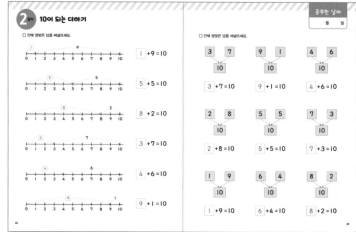

24~25쪽

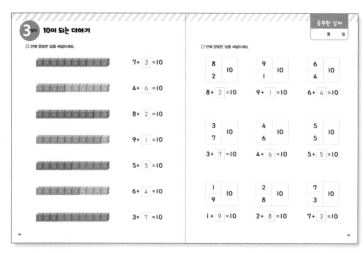

26~27쪽

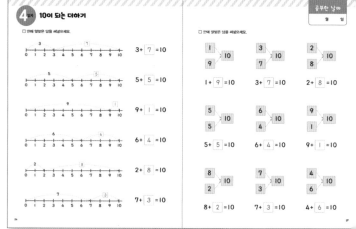

28~29쪽

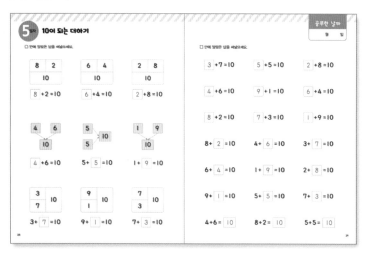

7+3

10에서 빼기

10을 두 수로 갈라 보는 활동에 이어, 10에서 빼기를 하고 뺄셈식을 완성해 봅니다. 10에서 빼기를 통해 10의 보수 관계를 확실하게 익히고 받아내림이 있는 뺄셈을 하기 위한 기초를 다질 수 있습니다.

이렇게 계산해요!

★ 10에서 빼기

그림, 가르기 표, 수직선 등을 보고 10에서 빼기를 하고 뺄셈식을 완성해 보아요.

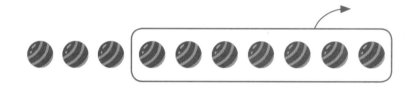

10 - 7 = 3

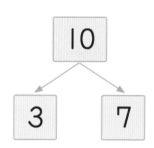

10 - 3 = 7

10 - 4 = 6

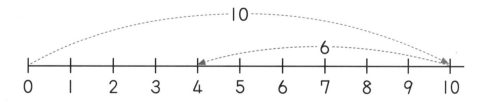

10 - 6 = 4

10에서 빼기

□ 안에 알맞은 답을 써넣으세요.

$10 - 6 = \boxed{4}$

$10 - 3 = \boxed{}$

$10 - 8 = \boxed{}$

$10 - 5 = \boxed{}$

$10 - 7 = \boxed{}$

$10 - 9 = \boxed{}$

$10 - 4 = \boxed{}$

□ 안에 알맞은 답을 써넣으세요.

10	
4	6

10 – 4 = □

10	
3	7

10 – 3 = □

10	
1	9

10 – 1 = □

10	
8	2

10 – 8 = □

10	
9	1

10 – 9 = □

10	
5	5

10 – 5 = □

10	
7	3

10 – 7 = □

10	
6	4

10 – 6 = □

10	
2	8

10 – 2 = □

10에서 빼기

□ 안에 알맞은 답을 써넣으세요.

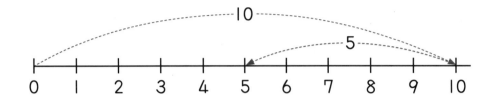

$10 - 5 = \boxed{5}$

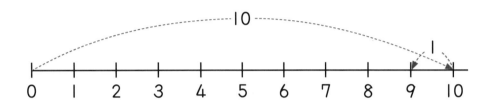

$10 - 1 = \boxed{}$

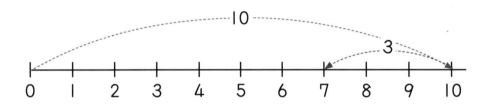

$10 - 3 = \boxed{}$

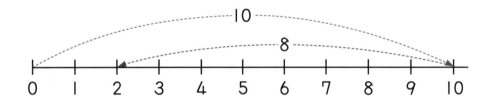

$10 - 8 = \boxed{}$

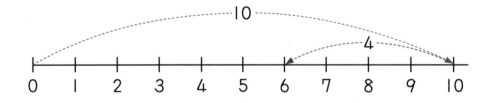

$10 - 4 = \boxed{}$

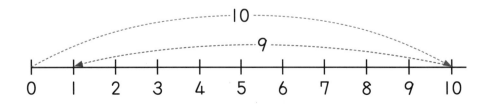

$10 - 9 = \boxed{}$

□ 안에 알맞은 답을 써넣으세요.

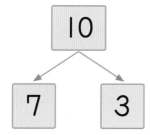

$10 - 7 =$ ☐

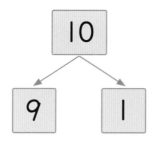

$10 - 9 =$ ☐

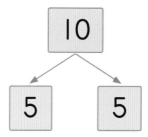

$10 - 5 =$ ☐

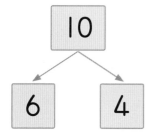

$10 - 6 =$ ☐

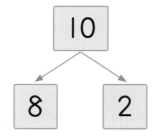

$10 - 8 =$ ☐

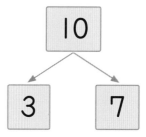

$10 - 3 =$ ☐

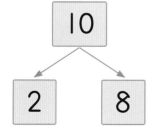

$10 - 2 =$ ☐

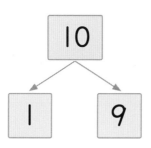

$10 - 1 =$ ☐

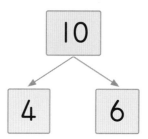

$10 - 4 =$ ☐

□ 안에 알맞은 답을 써넣으세요.

$10 -$ ⬚4 $= 6$

$10 -$ ⬚ $= 2$

$10 -$ ⬚ $= 5$

$10 -$ ⬚ $= 7$

$10 -$ ⬚ $= 1$

$10 -$ ⬚ $= 4$

$10 -$ ⬚ $= 8$

□ 안에 알맞은 답을 써넣으세요.

10	1
	9

10- ☐ = 9

10	3
	7

10- ☐ = 7

10	8
	2

10- ☐ = 2

10	4
	6

10- ☐ = 6

10	2
	8

10- ☐ = 8

10	9
	1

10- ☐ = 1

10	7
	3

10- ☐ = 3

10	6
	4

10- ☐ = 4

10	5
	5

10- ☐ = 5

4 일차 10에서 빼기

□ 안에 알맞은 답을 써넣으세요.

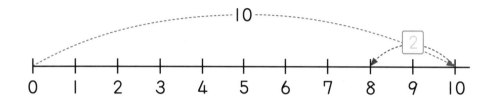

$10 - \boxed{2} = 8$

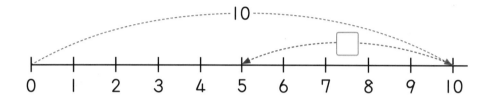

$10 - \boxed{} = 5$

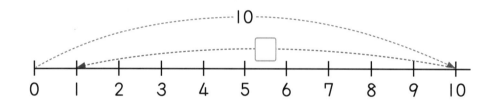

$10 - \boxed{} = 1$

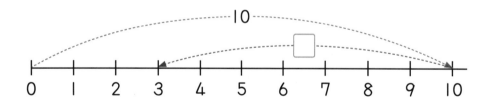

$10 - \boxed{} = 3$

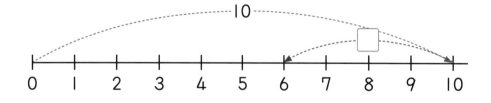

$10 - \boxed{} = 6$

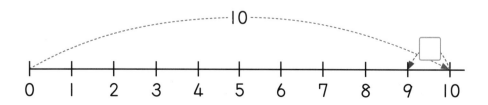

$10 - \boxed{} = 9$

□ 안에 알맞은 답을 써넣으세요.

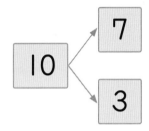

$10 - \boxed{} = 3$

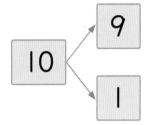

$10 - \boxed{} = 1$

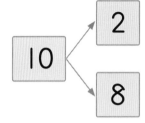

$10 - \boxed{} = 8$

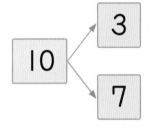

$10 - \boxed{} = 7$

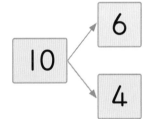

$10 - \boxed{} = 4$

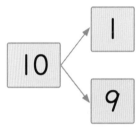

$10 - \boxed{} = 9$

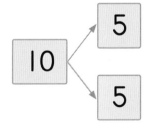

$10 - \boxed{} = 5$

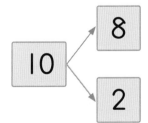

$10 - \boxed{} = 2$

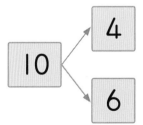

$10 - \boxed{} = 6$

□ 안에 알맞은 답을 써넣으세요.

10	
6	4

10 − 6 = ☐

10	
3	7

10 − 3 = ☐

10	
4	6

10 − 4 = ☐

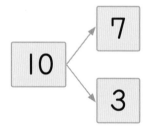

10 − 7 = ☐

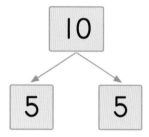

10 − ☐ = 5

10 → 1, 9

10 − ☐ = 9

10	8
	2

10 − ☐ = 2

10	9
	1

10 − ☐ = 1

10	2
	8

10 − ☐ = 8

□ 안에 알맞은 답을 써넣으세요.

$10 - 9 = \boxed{}$ $10 - 3 = \boxed{}$ $10 - 6 = \boxed{}$

$10 - 2 = \boxed{}$ $10 - 1 = \boxed{}$ $10 - 5 = \boxed{}$

$10 - 4 = \boxed{}$ $10 - 8 = \boxed{}$ $10 - 7 = \boxed{}$

$10 - \boxed{} = 8$ $10 - \boxed{} = 4$ $10 - \boxed{} = 3$

$10 - \boxed{} = 6$ $10 - \boxed{} = 5$ $10 - \boxed{} = 9$

$10 - \boxed{} = 7$ $10 - \boxed{} = 1$ $10 - \boxed{} = 2$

$\boxed{} - 2 = 8$ $\boxed{} - 6 = 4$ $\boxed{} - 3 = 7$

정답 27단계

10에서 빼기

32~33쪽

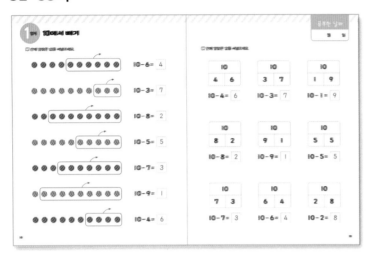

34~35쪽

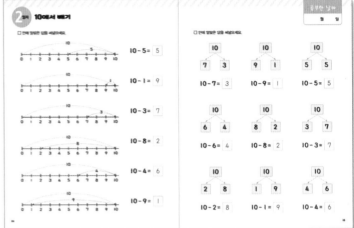

36~37쪽

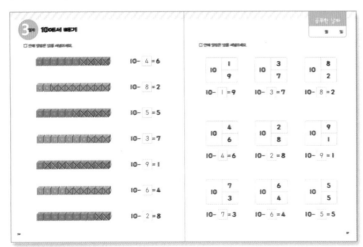

38~39쪽

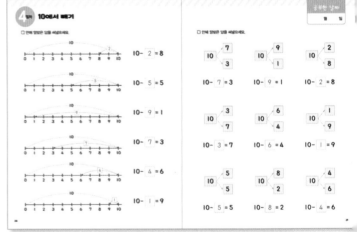

40~41쪽

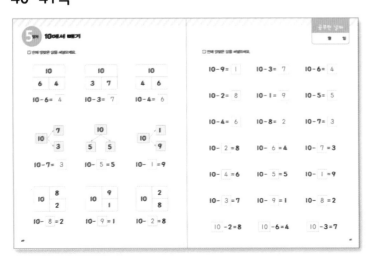

10-5

28단계 10을 이용한 덧셈

10의 보수 관계를 이용하여 합이 10이 넘는 한 자리 수끼리의 덧셈을 연습합니다. 합이 10 이상인 두 수의 덧셈은 받아올림이 있는 덧셈의 계산에서 아주 중요한 역할을 하므로 반복적인 연습이 필요합니다.

이렇게 계산해요!

★ 합이 10이 넘는 (한 자리 수)+(한 자리 수)

더하는 수와 더해지는 수 중에서 작은 쪽의 수를 둘로 갈라 먼저 10을 만든 다음, 남은 수를 더하면 쉽게 계산할 수 있어요.

〈더하는 수를 가르는 경우〉
더하는 수 4를 3과 1로 가른 다음, 7과 3을 먼저 더하여 10을 만들고 여기에 1을 더하면 11이 됩니다.

$$7+4$$
$$7+3+1$$
$$10+1=11$$

〈더해지는 수를 가르는 경우〉
더해지는 수 5를 4와 1로 가른 다음, 9와 1을 먼저 더하여 10을 만들고 여기에 4를 더하면 14가 됩니다.

$$5+9$$
$$4+1+9$$
$$4+10=14$$

1 일차 10을 이용한 덧셈

□ 안에 알맞은 답을 써넣으세요.

$$7+4$$
$$7+3+1$$
$$10+1 = \boxed{11}$$

$$6+5$$
$$6+4+1$$
$$10+1 = \boxed{}$$

$$8+6$$
$$8+2+4$$
$$10+4 = \boxed{}$$

$$9+2$$
$$9+1+1$$
$$10+1 = \boxed{}$$

□ 안에 알맞은 답을 써넣으세요.

8 + 3

8 + 2 + 1

☐ + 1 = ☐

9 + 3

9 + 1 + 2

☐ + 2 = ☐

9 + 5

9 + 1 + 4

☐ + 4 = ☐

7 + 6

7 + 3 + 3

☐ + 3 = ☐

7 + 5

7 + 3 + 2

☐ + 2 = ☐

8 + 7

8 + 2 + 5

☐ + 5 = ☐

9 + 6

9 + 1 + 5

☐ + 5 = ☐

8 + 5

8 + 2 + 3

☐ + 3 = ☐

10을 이용한 덧셈

□ 안에 알맞은 답을 써넣으세요.

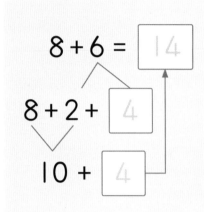

8 + 6 = | 4

8 + 2 + 4

10 + 4

6 + 5 = ☐

6 + 4 + ☐

10 + ☐

9 + 4 = ☐

9 + 1 + ☐

10 + ☐

9 + 6 = ☐

9 + 1 + ☐

10 + ☐

8 + 4 = ☐

8 + 2 + ☐

10 + ☐

7 + 6 = ☐

7 + 3 + ☐

10 + ☐

7 + 5 = ☐

7 + 3 + ☐

10 + ☐

9 + 8 = ☐

9 + 1 + ☐

10 + ☐

8 + 5 = ☐

8 + 2 + ☐

10 + ☐

□ 안에 알맞은 답을 써넣으세요.

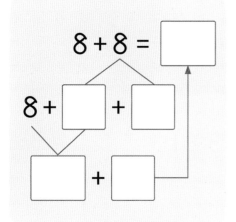

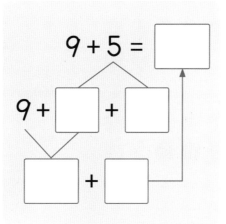

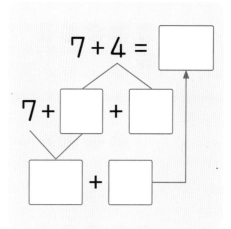

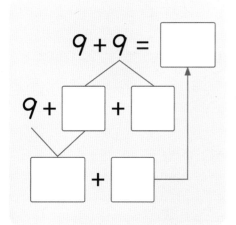

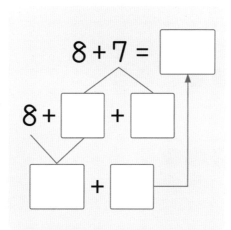

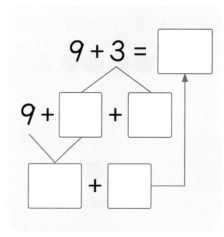

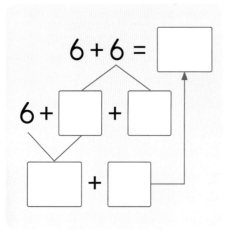

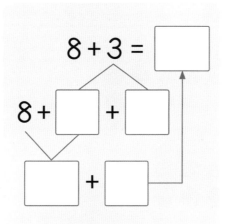

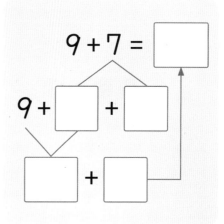

□ 안에 알맞은 답을 써넣으세요.

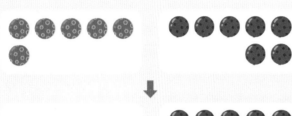

$$6+7$$
$$3+3+7$$
$$3+10= \boxed{13}$$

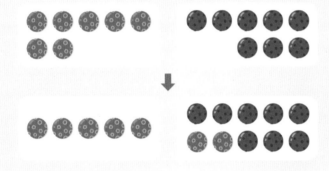

$$7+8$$
$$5+2+8$$
$$5+10= \boxed{}$$

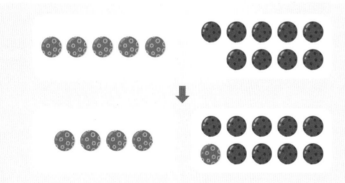

$$5+9$$
$$4+1+9$$
$$4+10= \boxed{}$$

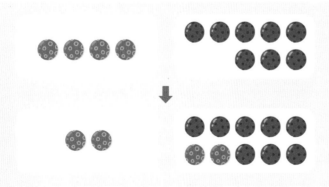

$$4+8$$
$$2+2+8$$
$$2+10= \boxed{}$$

□ 안에 알맞은 답을 써넣으세요.

4 + 9

3 + 1 + 9

3 + □ = □

5 + 7

2 + 3 + 7

2 + □ = □

6 + 8

4 + 2 + 8

4 + □ = □

7 + 9

6 + 1 + 9

6 + □ = □

3 + 8

1 + 2 + 8

1 + □ = □

4 + 7

1 + 3 + 7

1 + □ = □

5 + 6

1 + 4 + 6

1 + □ = □

6 + 9

5 + 1 + 9

5 + □ = □

□ 안에 알맞은 답을 써넣으세요.

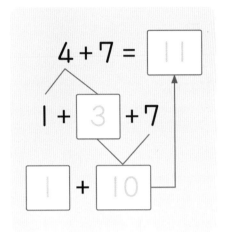

$4 + 7 = \boxed{11}$

$1 + \boxed{3} + 7$

$\boxed{1} + \boxed{10}$

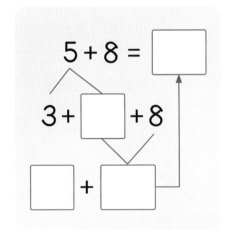

$6 + 9 = \boxed{}$

$5 + \boxed{} + 9$

$\boxed{} + \boxed{}$

$5 + 8 = \boxed{}$

$3 + \boxed{} + 8$

$\boxed{} + \boxed{}$

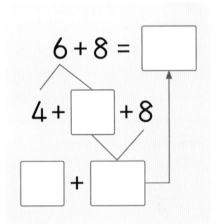

$6 + 8 = \boxed{}$

$4 + \boxed{} + 8$

$\boxed{} + \boxed{}$

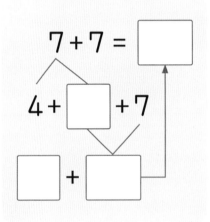

$7 + 7 = \boxed{}$

$4 + \boxed{} + 7$

$\boxed{} + \boxed{}$

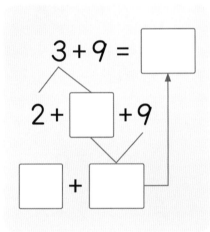

$3 + 9 = \boxed{}$

$2 + \boxed{} + 9$

$\boxed{} + \boxed{}$

$7 + 8 = \boxed{}$

$5 + \boxed{} + 8$

$\boxed{} + \boxed{}$

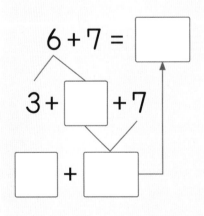

$6 + 7 = \boxed{}$

$3 + \boxed{} + 7$

$\boxed{} + \boxed{}$

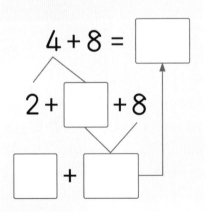

$4 + 8 = \boxed{}$

$2 + \boxed{} + 8$

$\boxed{} + \boxed{}$

□ 안에 알맞은 답을 써넣으세요.

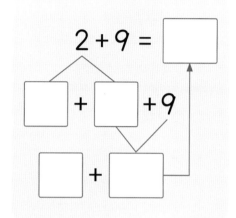

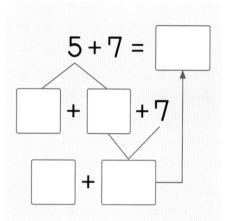

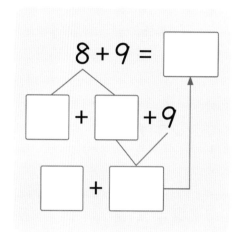

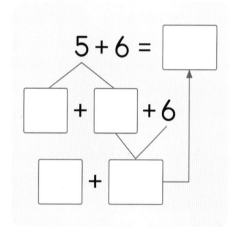

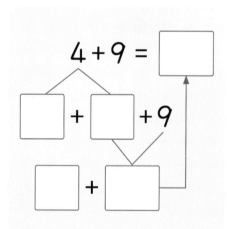

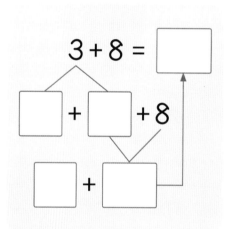

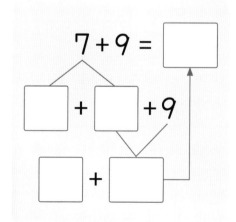

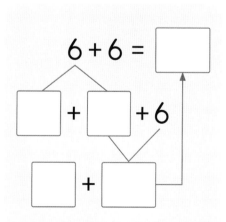

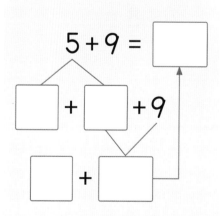

10을 이용한 덧셈

계산을 하세요.

6 + 5 = ☐   8 + 5 = ☐   2 + 9 = ☐

5 + 9 = ☐   3 + 9 = ☐   8 + 6 = ☐

9 + 8 = ☐   6 + 7 = ☐   7 + 5 = ☐

3 + 8 = ☐   8 + 9 = ☐   9 + 7 = ☐

8 + 4 = ☐   9 + 3 = ☐   5 + 6 = ☐

7 + 9 = ☐   4 + 7 = ☐   9 + 5 = ☐

4 + 8 = ☐   6 + 9 = ☐   8 + 7 = ☐

9 + 2 = ☐   5 + 8 = ☐   9 + 4 = ☐

7 + 6 = ☐   6 + 8 = ☐   8 + 3 = ☐

빈칸에 알맞은 답을 써넣으세요.

+	0	1	2	3	4	5	6	7	8	9
0	0	1	2	3	4	5	6	7	8	9
1	1	2	3	4	5	6	7	8	9	10
2	2	3	4	5	6	7	8	9	10	
3	3	4	5	6	7	8	9	10		
4	4	5	6	7	8	9	10			
5	5	6	7	8	9	10				
6	6	7	8	9	10					
7	7	8	9	10						
8	8	9	10							
9	9	10								

정답 28단계
10을 이용한 덧셈

44~45쪽

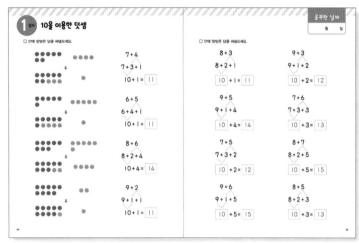

① 10을 이용한 덧셈

□ 안에 알맞은 답을 써넣으세요.

7+4
7+3+1
10+1= 11

6+5
6+4+1
10+1= 11

8+6
8+2+4
10+4= 14

9+2
9+1+1
10+1= 11

□ 안에 알맞은 답을 써넣으세요.

8+3
8+2+1
10+1= 11

9+5
9+1+4
10+4= 14

7+5
7+3+2
10+2= 12

9+6
9+1+5
10+5= 15

9+3
9+1+2
10+2= 12

7+6
7+3+3
10+3= 13

8+7
8+2+5
10+5= 15

8+5
8+2+3
10+3= 13

46~47쪽

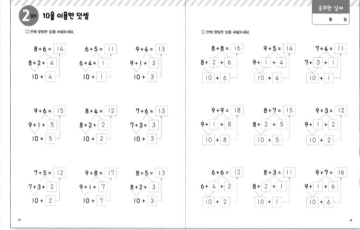

② 10을 이용한 덧셈

□ 안에 알맞은 답을 써넣으세요.

8+6 = 14
8+2+ 4
10+ 4

6+5 = 11
6+4+ 1
10+ 1

9+4 = 13
9+1+ 3
10+ 3

9+6 = 15
9+1+ 5
10+ 5

8+4 = 12
8+2+ 2
10+ 2

7+6 = 13
7+3+ 3
10+ 3

7+5 = 12
7+3+ 2
10+ 2

9+8 = 17
9+1+ 7
10+ 7

8+5 = 13
8+2+ 3
10+ 3

□ 안에 알맞은 답을 써넣으세요.

8+8 = 16
8+ 2 + 6
10+ 6

9+5 = 14
9+1+ 4
10+ 4

7+4 = 11
7+ 3 + 1
10+ 1

9+9 = 18
9+ 1 + 8
10+ 8

8+7 = 15
8+2+ 5
10+ 5

9+3 = 12
9+ 1 + 2
10+ 2

6+6 = 12
6+ 4 + 2
10+ 2

8+3 = 11
8+ 2 + 1
10+ 1

9+7 = 16
9+ 1 + 6
10+ 6

48~49쪽

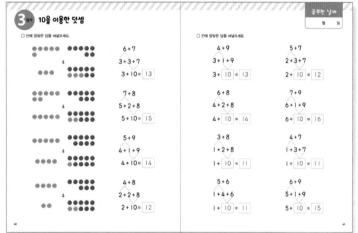

③ 10을 이용한 덧셈

□ 안에 알맞은 답을 써넣으세요.

6+7
3+3+7
3+ 10 = 13

7+8
5+2+8
5+10 = 15

5+9
4+1+9
4+10 = 14

4+8
2+2+8
2+10 = 12

□ 안에 알맞은 답을 써넣으세요.

4+9
3+1+9
3+ 10 = 13

6+8
4+2+8
4+ 10 = 14

3+8
1+2+8
1+ 10 = 11

5+6
1+4+6
1+ 10 = 11

5+7
2+3+7
2+ 10 = 12

7+9
6+1+9
6+ 10 = 16

4+7
1+3+7
1+ 10 = 11

6+9
5+1+9
5+ 10 = 15

50~51쪽

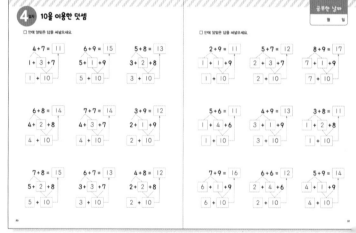

④ 10을 이용한 덧셈

□ 안에 알맞은 답을 써넣으세요.

4+7 = 11
1+ 3 +7
1+ 10

6+9 = 15
5+ 1 +9
5+ 10

5+8 = 13
3+ 2 +8
3+ 10

6+8 = 14
4+ 2 +8
4+ 10

7+7 = 14
4+ 3 +7
4+ 10

3+9 = 12
2+ 1 +9
2+ 10

7+8 = 15
5+ 2 +8
5+ 10

6+7 = 13
3+ 3 +7
3+ 10

4+8 = 12
2+ 2 +8
2+ 10

□ 안에 알맞은 답을 써넣으세요.

2+9 = 11
1+ 1 +9
1+ 10

5+7 = 12
2+ 3 +7
2+ 10

8+9 = 17
7+ 1 +9
7+ 10

5+6 = 11
1+ 4 +6
1+ 10

4+9 = 13
3+ 1 +9
3+ 10

3+8 = 11
1+ 2 +8
1+ 10

7+9 = 16
6+ 1 +9
6+ 10

6+6 = 12
2+ 4 +6
2+ 10

5+9 = 14
4+ 1 +9
4+ 10

52~53쪽

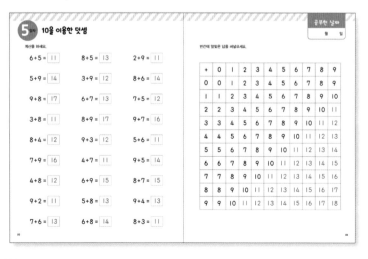

⑤ 10을 이용한 덧셈

계산을 하세요.

6+5 = 11   8+5 = 13   2+9 = 11
5+9 = 14   3+9 = 12   8+6 = 14
9+8 = 17   6+7 = 13   7+5 = 12
3+8 = 11   8+9 = 17   9+7 = 16
8+4 = 12   9+3 = 12   5+6 = 11
7+9 = 16   4+7 = 11   9+5 = 14
4+8 = 12   6+9 = 15   8+7 = 15
9+2 = 11   5+8 = 13   9+4 = 13
7+6 = 13   6+8 = 14   8+3 = 11

빈칸에 알맞은 답을 써넣으세요.

+	0	1	2	3	4	5	6	7	8	9
0	0	1	2	3	4	5	6	7	8	9
1	1	2	3	4	5	6	7	8	9	10
2	2	3	4	5	6	7	8	9	10	11
3	3	4	5	6	7	8	9	10	11	12
4	4	5	6	7	8	9	10	11	12	13
5	5	6	7	8	9	10	11	12	13	14
6	6	7	8	9	10	11	12	13	14	15
7	7	8	9	10	11	12	13	14	15	16
8	8	9	10	11	12	13	14	15	16	17
9	9	10	11	12	13	14	15	16	17	18

8+7

10을 이용한 뺄셈

10의 보수 관계를 이용하여 (십몇)−(몇)=(몇)을 연습합니다.
십몇에서 몇을 빼는 뺄셈은 받아내림이 있는 뺄셈의 계산에서
아주 중요한 역할을 하므로 반복적인 연습이 필요합니다.

이렇게 계산해요!

★ **(십몇) − (몇) = (몇)**

빼는 수를 둘로 갈라 먼저 10을 만든 다음 남은 수를 빼거나, 빼어지는 수를 10과 몇으로 나눈 뒤
10에서 빼는 수를 빼고 남은 몇을 더해 계산할 수 있어요.

〈빼는 수를 가르는 경우〉
빼는 수 5를 2와 3으로 가른 다음, 먼저 12에서 2를 빼서 10을 만들고 여기에서 3을 빼면 7이 됩니다.

$$12 - 5$$
$$12 - 2 - 3$$
$$10 - 3 = 7$$

〈빼어지는 수를 가르는 경우〉
빼어지는 수 15를 10과 5로 가른 다음, 먼저 10에서 7을 빼면 3이 됩니다.
여기에 남은 수 5를 더하면 8이 됩니다.

$$15 - 7$$
$$10 - 7 + 5$$
$$3 + 5 = 8$$

□ 안에 알맞은 답을 써넣으세요.

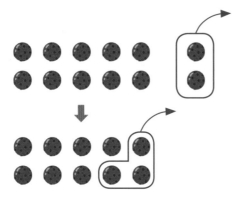

$$12 - 5$$
$$12 - 2 - 3$$
$$10 - 3 = \boxed{7}$$

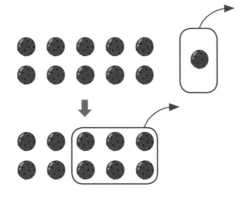
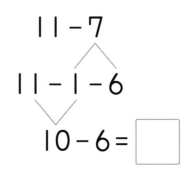

$$11 - 7$$
$$11 - 1 - 6$$
$$10 - 6 = \boxed{}$$

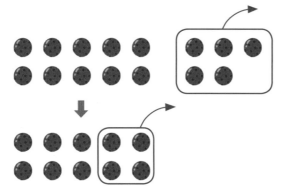

$$15 - 9$$
$$15 - 5 - 4$$
$$10 - 4 = \boxed{}$$

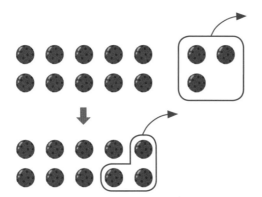

$$13 - 6$$
$$13 - 3 - 3$$
$$10 - 3 = \boxed{}$$

□ 안에 알맞은 답을 써넣으세요.

16 - 8

16 - 6 - 2

☐ - 2 = ☐

14 - 5

14 - 4 - 1

☐ - 1 = ☐

12 - 7

12 - 2 - 5

☐ - 5 = ☐

15 - 8

15 - 5 - 3

☐ - 3 = ☐

11 - 8

11 - 1 - 7

☐ - 7 = ☐

14 - 6

14 - 4 - 2

☐ - 2 = ☐

13 - 4

13 - 3 - 1

☐ - 1 = ☐

12 - 8

12 - 2 - 6

☐ - 6 = ☐

10을 이용한 뺄셈

□ 안에 알맞은 답을 써넣으세요.

$12-9 = \boxed{3}$
$12-2- \boxed{7}$
$10- \boxed{7}$

$14-6 = \boxed{}$
$14-4- \boxed{}$
$10- \boxed{}$

$11-4 = \boxed{}$
$11-1- \boxed{}$
$10- \boxed{}$

$16-8 = \boxed{}$
$16-6- \boxed{}$
$10- \boxed{}$

$15-9 = \boxed{}$
$15-5- \boxed{}$
$10- \boxed{}$

$13-6 = \boxed{}$
$13-3- \boxed{}$
$10- \boxed{}$

$12-7 = \boxed{}$
$12-2- \boxed{}$
$10- \boxed{}$

$13-4 = \boxed{}$
$13-3- \boxed{}$
$10- \boxed{}$

$15-7 = \boxed{}$
$15-5- \boxed{}$
$10- \boxed{}$

□ 안에 알맞은 답을 써넣으세요.

14 - 8 = □

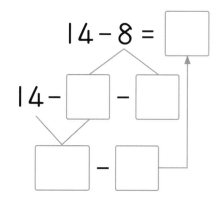

11 - 7 = □

12 - 6 = □

15 - 8 = □

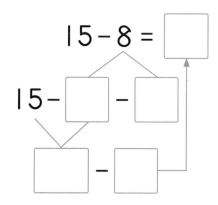

12 - 3 = □

11 - 8 = □

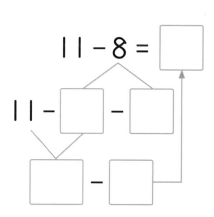

13 - 5 = □

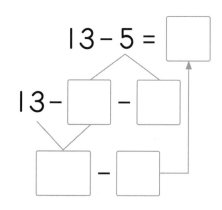

11 - 9 = □

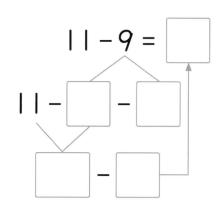

12 - 4 = □

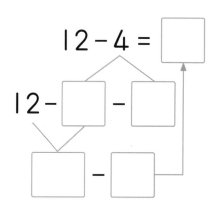

□ 안에 알맞은 답을 써넣으세요.

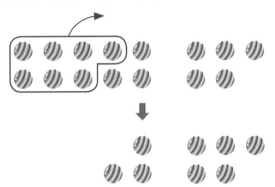

$$15 - 7$$
$$10 - 7 + 5$$
$$3 + 5 = \boxed{8}$$

$$13 - 6$$
$$10 - 6 + 3$$
$$4 + 3 = \boxed{}$$

$$11 - 8$$
$$10 - 8 + 1$$
$$2 + 1 = \boxed{}$$

$$13 - 9$$
$$10 - 9 + 3$$
$$1 + 3 = \boxed{}$$

□ 안에 알맞은 답을 써넣으세요.

11 - 7
10 - 7 + 1
□ + 1 = □

15 - 9
10 - 9 + 5
□ + 5 = □

12 - 4
10 - 4 + 2
□ + 2 = □

14 - 5
10 - 5 + 4
□ + 4 = □

16 - 7
10 - 7 + 6
□ + 6 = □

13 - 8
10 - 8 + 3
□ + 3 = □

12 - 8
10 - 8 + 2
□ + 2 = □

17 - 9
10 - 9 + 7
□ + 7 = □

4일차 10을 이용한 뺄셈

□ 안에 알맞은 답을 써넣으세요.

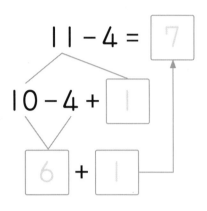

11 − 4 = 7

10 − 4 + 1

6 + 1

12 − 9 = □

10 − 9 + □

□ + □

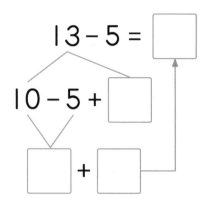

13 − 5 = □

10 − 5 + □

□ + □

16 − 8 = □

10 − 8 + □

□ + □

17 − 8 = □

10 − 8 + □

□ + □

15 − 7 = □

10 − 7 + □

□ + □

13 − 6 = □

10 − 6 + □

□ + □

17 − 9 = □

10 − 9 + □

□ + □

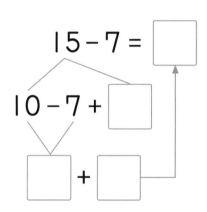

14 − 9 = □

10 − 9 + □

□ + □

□ 안에 알맞은 답을 써넣으세요.

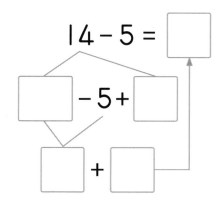

14 − 5 = ☐

15 − 9 = ☐

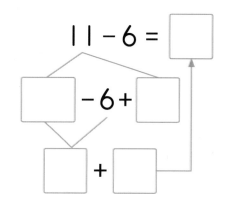

11 − 6 = ☐

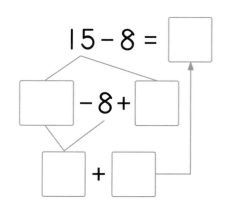

15 − 8 = ☐

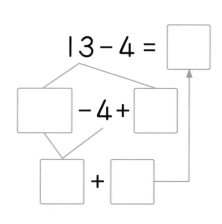

13 − 4 = ☐

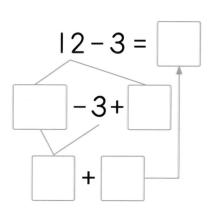

12 − 3 = ☐

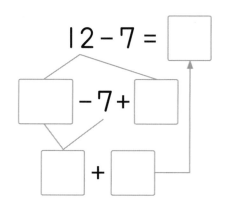

12 − 7 = ☐

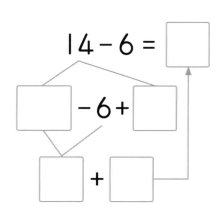

14 − 6 = ☐

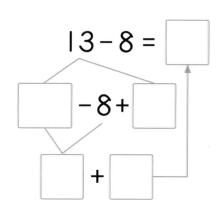

13 − 8 = ☐

10을 이용한 뺄셈

계산을 하세요.

12 − 5 = ☐   13 − 9 = ☐   11 − 5 = ☐

14 − 6 = ☐   11 − 4 = ☐   15 − 6 = ☐

18 − 9 = ☐   15 − 7 = ☐   14 − 8 = ☐

13 − 8 = ☐   16 − 9 = ☐   12 − 6 = ☐

11 − 3 = ☐   12 − 7 = ☐   11 − 9 = ☐

13 − 6 = ☐   12 − 3 = ☐   16 − 8 = ☐

15 − 8 = ☐   13 − 5 = ☐   14 − 5 = ☐

11 − 6 = ☐   15 − 9 = ☐   12 − 4 = ☐

12 − 9 = ☐   17 − 8 = ☐   14 − 7 = ☐

빈칸에 알맞은 답을 써넣으세요.

−	11	12	13	14	15	16	17	18
2		10	11	12	13	14	15	16
3			10	11	12	13	14	15
4				10	11	12	13	14
5					10	11	12	13
6						10	11	12
7							10	11
8								10
9								

56~57쪽

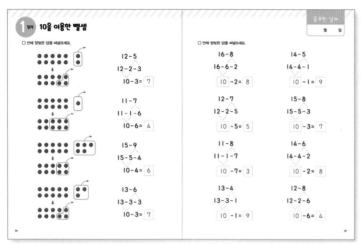

58~59쪽

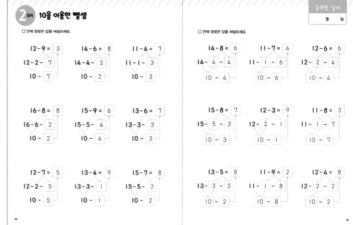

60~61쪽

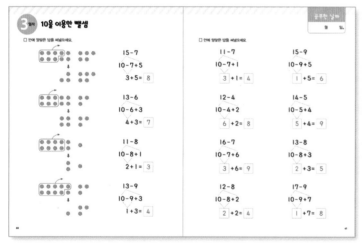

62~63쪽

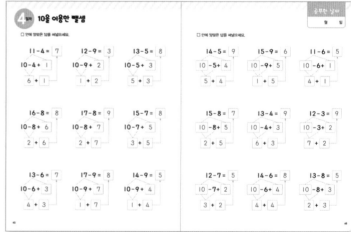

64~65쪽

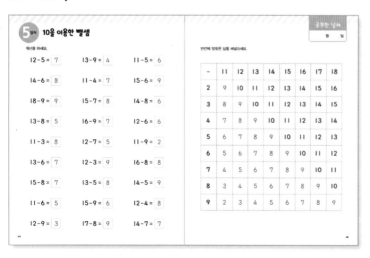

14-5

30 단계

(두 자리 수)+(한 자리 수)

받아올림이 있는 두 자리 수와 한 자리 수의 덧셈을 연습합니다.
본격적으로 받아올림이 있는 덧셈을 시작하는 단계로, 가로셈과 세로셈
등 다양한 방식으로 계산해 보며 받아올림의 개념을 알고 익숙해집니다.

이렇게 계산해요!

★ 받아올림이 있는 (두 자리 수)+(한 자리 수)

일의 자리부터 차례대로 계산해요. 이때, 일의 자리끼리의 합이 10이거나 10이 넘으면
십의 자리로 받아올림해요.

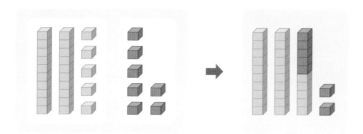

$$25 + 7 = 32$$

낱개 모형을 더하면 12가 되므로, 낱개 모형
10개를 십 모형 1개로 바꾸면 십 모형은 3개
가 되고, 낱개 모형 2개가 남습니다.

〈가로셈〉

$$25 + 7 = 32$$
$$20 + \boxed{5 + 7}$$

더해지는 수를 몇십과 몇으로 가른 뒤,
몇과 몇을 먼저 더한 다음 몇십과 더합니다.

$$25 + 7 = 32$$
$$\boxed{25 + 5} + 2$$

더하는 수를 둘로 갈라 더해지는 수를
몇십으로 만든 다음, 남은 수를 더합니다.

〈세로셈〉

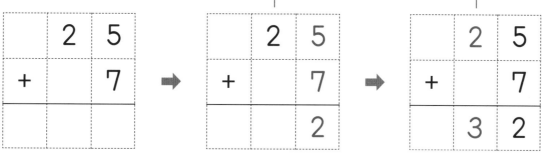

일의 자리에서 받아올림한 수를
십의 자리 위에 작게 써요.

받아올림한 수까지 더해서
십의 자리에 써요.

(두 자리 수)+(한 자리 수)

□ 안에 알맞은 답을 써넣으세요.

$35 + 6 = \boxed{41}$
$30 + \boxed{5 + 6}$

$14 + 7 = \boxed{}$
$10 + \boxed{4 + 7}$

$27 + 9 = \boxed{}$
$20 + \boxed{7 + 9}$

$45 + 8 = \boxed{}$
$40 + \boxed{5 + 8}$

$78 + 5 = \boxed{}$
$70 + \boxed{8 + 5}$

$89 + 7 = \boxed{}$
$80 + \boxed{9 + 7}$

$49 + 5 = \boxed{}$
$40 + \boxed{9 + 5}$

$16 + 7 = \boxed{}$
$10 + \boxed{6 + 7}$

$28 + 6 = \boxed{}$
$20 + \boxed{8 + 6}$

$78 + 6 = \boxed{}$
$70 + \boxed{8 + 6}$

$81 + 9 = \boxed{}$
$80 + \boxed{1 + 9}$

$54 + 9 = \boxed{}$
$50 + \boxed{4 + 9}$

$83 + 8 = \boxed{}$
$80 + \boxed{3 + 8}$

$68 + 8 = \boxed{}$
$60 + \boxed{8 + 8}$

$44 + 8 = \boxed{}$
$40 + \boxed{4 + 8}$

$26 + 9 = \boxed{}$
$20 + \boxed{6 + 9}$

$38 + 7 = \boxed{}$
$30 + \boxed{8 + 7}$

$21 + 9 = \boxed{}$
$20 + \boxed{1 + 9}$

계산을 하세요.

$46 + 6 =$

$88 + 7 =$

$28 + 3 =$

$25 + 8 =$

$15 + 7 =$

$44 + 9 =$

$45 + 5 =$

$37 + 9 =$

$17 + 5 =$

$57 + 6 =$

$49 + 6 =$

$36 + 5 =$

$63 + 9 =$

$56 + 8 =$

$77 + 4 =$

$25 + 6 =$

$63 + 7 =$

$81 + 9 =$

$67 + 4 =$

$86 + 6 =$

$17 + 4 =$

$36 + 9 =$

$45 + 7 =$

$89 + 7 =$

$79 + 2 =$

$84 + 8 =$

$15 + 9 =$

(두 자리 수)+(한 자리 수)

□ 안에 알맞은 답을 써넣으세요.

$24 + 7 = \boxed{31}$
$\boxed{24 + 6} + 1$

$74 + 9 = \boxed{}$
$\boxed{74 + 6} + 3$

$64 + 7 = \boxed{}$
$\boxed{64 + 6} + 1$

$36 + 8 = \boxed{}$
$\boxed{36 + 4} + 4$

$48 + 4 = \boxed{}$
$\boxed{48 + 2} + 2$

$59 + 7 = \boxed{}$
$\boxed{59 + 1} + 6$

$89 + 5 = \boxed{}$
$\boxed{89 + 1} + 4$

$16 + 5 = \boxed{}$
$\boxed{16 + 4} + 1$

$48 + 6 = \boxed{}$
$\boxed{48 + 2} + 4$

$58 + 9 = \boxed{}$
$\boxed{58 + 2} + 7$

$62 + 9 = \boxed{}$
$\boxed{62 + 8} + 1$

$29 + 9 = \boxed{}$
$\boxed{29 + 1} + 8$

$23 + 8 = \boxed{}$
$\boxed{23 + 7} + 1$

$68 + 8 = \boxed{}$
$\boxed{68 + 2} + 6$

$88 + 5 = \boxed{}$
$\boxed{88 + 2} + 3$

$56 + 9 = \boxed{}$
$\boxed{56 + 4} + 5$

$38 + 7 = \boxed{}$
$\boxed{38 + 2} + 5$

$12 + 9 = \boxed{}$
$\boxed{12 + 8} + 1$

계산을 하세요.

15 + 7 = ☐   88 + 4 = ☐   27 + 7 = ☐

26 + 8 = ☐   36 + 9 = ☐   68 + 9 = ☐

46 + 5 = ☐   29 + 3 = ☐   37 + 4 = ☐

58 + 6 = ☐   14 + 7 = ☐   24 + 8 = ☐

62 + 9 = ☐   36 + 7 = ☐   57 + 5 = ☐

28 + 6 = ☐   43 + 9 = ☐   19 + 2 = ☐

67 + 4 = ☐   76 + 5 = ☐   26 + 5 = ☐

35 + 6 = ☐   16 + 6 = ☐   59 + 7 = ☐

78 + 5 = ☐   64 + 8 = ☐   37 + 5 = ☐

(두 자리 수)+(한 자리 수)

□ 안에 알맞은 답을 써넣으세요.

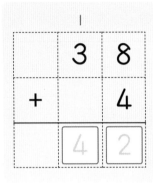

	3	8
+		4
	4	2

	7	7
+		9

	5	4
+		9

	4	7
+		8

	8	7
+		5

	6	8
+		5

	3	5
+		5

	2	9
+		1

	1	5
+		8

	5	4
+		8

	3	7
+		5

	8	2
+		9

	4	5
+		8

	3	7
+		3

	1	3
+		8

	7	6
+		7

계산을 하세요.

```
    2 6         3 7         8 8         5 2
  +   9       +   8       +   4       +   8
  -------     -------     -------     -------


    7 7         1 8         4 7         3 5
  +   5       +   5       +   5       +   7
  -------     -------     -------     -------


    5 5         4 8         7 8         2 7
  +   9       +   3       +   6       +   5
  -------     -------     -------     -------


    6 6         3 7         4 3         5 9
  +   7       +   6       +   8       +   9
  -------     -------     -------     -------
```

73

□ 안에 알맞은 답을 써넣으세요.

36+6

	3	6
+		6
	4	2

45+7

	4	5
+		7

29+8

	2	9
+		8

19+8

	1	9
+		8

68+9

	6	8
+		9

57+8

	5	7
+		8

49+7

	4	9
+		7

18+7

	1	8
+		7

18+3

	1	8
+		3

77+4

	7	7
+		4

25+9

	2	5
+		9

34+7

	3	4
+		7

계산을 하세요.

48 + 5   87 + 9   27 + 6   32 + 9

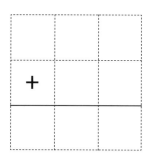   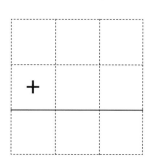   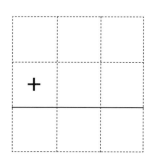   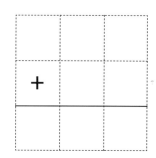

68 + 8   58 + 4   44 + 9   17 + 6

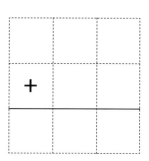   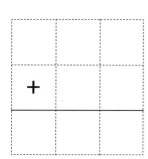   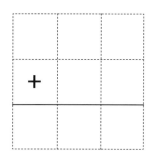   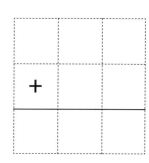

19 + 9   78 + 5   26 + 7   37 + 5

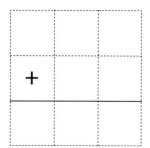   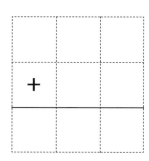   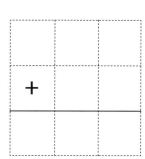   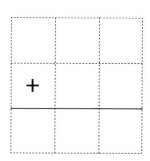

36 + 8   58 + 4   18 + 7   66 + 6

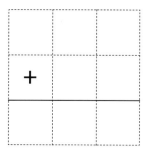   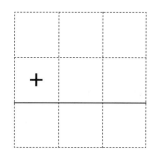   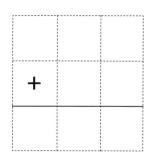   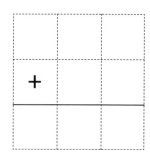

(두 자리 수)+(한 자리 수)

계산을 하세요.

69 + 5 = ☐   79 + 4 = ☐   34 + 8 = ☐

75 + 6 = ☐   55 + 6 = ☐   18 + 3 = ☐

45 + 9 = ☐   27 + 8 = ☐   57 + 7 = ☐

25 + 7 = ☐   16 + 9 = ☐   69 + 7 = ☐

45 + 6 = ☐   36 + 9 = ☐   57 + 5 = ☐

35 + 6 = ☐   53 + 8 = ☐   85 + 7 = ☐

17 + 5 = ☐   46 + 7 = ☐   89 + 8 = ☐

36 + 8 = ☐   26 + 6 = ☐   15 + 8 = ☐

59 + 8 = ☐   64 + 7 = ☐   19 + 2 = ☐

계산을 하세요.

```
    5  7              7  6              6  8              2  9
 +     8           +     9           +     4           +     8
```

```
    4  7              3  8              5  7              8  5
 +     5           +     5           +     4           +     7
```

```
    8  5              1  8              5  8              2  7
 +     9           +     5           +     6           +     5
```

```
    3  6              5  9              7  3              1  9
 +     7           +     6           +     8           +     9
```

30단계
(두 자리 수)+(한 자리 수)

68~69쪽

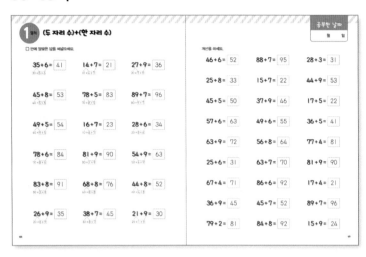

70~71쪽

72~73쪽

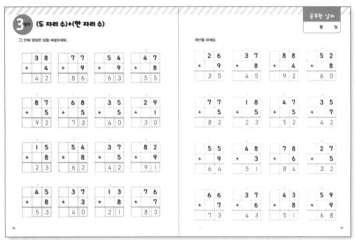

74~75쪽

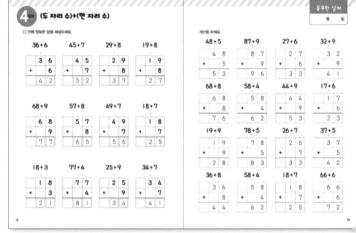

76~77쪽

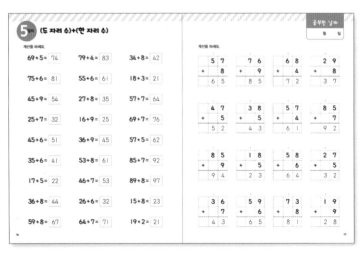

15+6

(두 자리 수) - (한 자리 수)

31 단계

받아내림이 있는 두 자리 수와 한 자리 수의 뺄셈을 연습합니다.
본격적으로 받아내림이 있는 뺄셈을 시작하는 단계로, 가로셈과 세로셈
등 다양한 방식으로 계산해 보며 받아내림의 개념을 알고 익숙해집니다.

이렇게 계산해요!

★ 받아내림이 있는 (두 자리 수) - (한 자리 수)

일의 자리부터 차례대로 계산해요. 이때, 일의 자리끼리 뺄 수 없으면 십의 자리에서
받아내림하여 계산해요.

$$32 - 7 = 25$$

낱개 모형 2개에서 7개를 뺄 수 없으므로,
십 모형 1개를 낱개 모형 10개로 바꾼 뒤 7을
빼면 십 모형 2개, 낱개 모형 5개가 남습니다.

〈가로셈〉

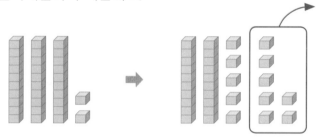

$$32 - 7 = 25$$
$$22 + \boxed{10 - 7}$$

빼어지는 수를 10과 나머지로 가른 뒤,
10에서 몇을 뺀 다음 남은 수와 더합니다.

$$32 - 7 = 25$$
$$\boxed{32 - 2} - 5$$

빼는 수를 둘로 갈라 빼어지는 수를 몇십으로
만든 다음 남은 수를 뺍니다.

〈세로셈〉

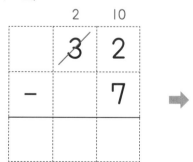

2에서 7을 뺄 수 없으므로, 십의 자리
에서 10을 받아내림하여 일의 자리
위에 작게 쓰고 십의 자리 3은 선을
그어 지운 뒤, 받아내려 주고 남은 수
2를 십의 자리 위에 작게 써요.

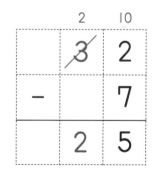

받아내림한 10과 2를 더한
12에서 7을 뺀 수를 일의
자리에 써요.

십의 자리에 남은 2를 십의
자리에 써요.

(두 자리 수)-(한 자리 수)

□ 안에 알맞은 답을 써넣으세요.

$95 - 6 =$ 89
85 + 10 - 6

$24 - 9 =$ ☐
14 + 10 - 9

$26 - 9 =$ ☐
16 + 10 - 9

$73 - 6 =$ ☐
63 + 10 - 6

$35 - 8 =$ ☐
25 + 10 - 8

$30 - 5 =$ ☐
20 + 10 - 5

$42 - 8 =$ ☐
32 + 10 - 8

$80 - 9 =$ ☐
70 + 10 - 9

$51 - 7 =$ ☐
41 + 10 - 7

$63 - 9 =$ ☐
53 + 10 - 9

$44 - 6 =$ ☐
34 + 10 - 6

$82 - 5 =$ ☐
72 + 10 - 5

$43 - 7 =$ ☐
33 + 10 - 7

$25 - 7 =$ ☐
15 + 10 - 7

$33 - 9 =$ ☐
23 + 10 - 9

$23 - 5 =$ ☐
13 + 10 - 5

$53 - 4 =$ ☐
43 + 10 - 4

$61 - 8 =$ ☐
51 + 10 - 8

계산을 하세요.

21 - 4 = ☐   67 - 8 = ☐   30 - 7 = ☐

77 - 9 = ☐   43 - 4 = ☐   96 - 9 = ☐

62 - 6 = ☐   85 - 6 = ☐   34 - 7 = ☐

40 - 9 = ☐   71 - 7 = ☐   84 - 5 = ☐

25 - 7 = ☐   80 - 4 = ☐   67 - 9 = ☐

72 - 4 = ☐   68 - 9 = ☐   31 - 9 = ☐

43 - 6 = ☐   20 - 5 = ☐   55 - 9 = ☐

52 - 7 = ☐   26 - 8 = ☐   43 - 9 = ☐

81 - 8 = ☐   54 - 8 = ☐   27 - 9 = ☐

2일차 **(두 자리 수)-(한 자리 수)**

□ 안에 알맞은 답을 써넣으세요.

$22 - 7 =$ 15
$\underline{22 - 2} - 5$

$45 - 8 =$ ☐
$\underline{45 - 5} - 3$

$67 - 9 =$ ☐
$\underline{67 - 7} - 2$

$81 - 4 =$ ☐
$\underline{81 - 1} - 3$

$33 - 8 =$ ☐
$\underline{33 - 3} - 5$

$62 - 7 =$ ☐
$\underline{62 - 2} - 5$

$34 - 8 =$ ☐
$\underline{34 - 4} - 4$

$81 - 7 =$ ☐
$\underline{81 - 1} - 6$

$56 - 7 =$ ☐
$\underline{56 - 6} - 1$

$82 - 8 =$ ☐
$\underline{82 - 2} - 6$

$41 - 4 =$ ☐
$\underline{41 - 1} - 3$

$72 - 8 =$ ☐
$\underline{72 - 2} - 6$

$76 - 8 =$ ☐
$\underline{76 - 6} - 2$

$64 - 6 =$ ☐
$\underline{64 - 4} - 2$

$43 - 7 =$ ☐
$\underline{43 - 3} - 4$

$52 - 5 =$ ☐
$\underline{52 - 2} - 3$

$44 - 7 =$ ☐
$\underline{44 - 4} - 3$

$24 - 9 =$ ☐
$\underline{24 - 4} - 5$

계산을 하세요.

$70 - 5 =$ ⬚ $87 - 8 =$ ⬚ $20 - 7 =$ ⬚

$37 - 8 =$ ⬚ $23 - 5 =$ ⬚ $47 - 9 =$ ⬚

$22 - 4 =$ ⬚ $44 - 6 =$ ⬚ $36 - 9 =$ ⬚

$30 - 8 =$ ⬚ $72 - 9 =$ ⬚ $92 - 5 =$ ⬚

$45 - 6 =$ ⬚ $80 - 8 =$ ⬚ $35 - 6 =$ ⬚

$52 - 7 =$ ⬚ $68 - 9 =$ ⬚ $90 - 7 =$ ⬚

$73 - 8 =$ ⬚ $24 - 6 =$ ⬚ $83 - 7 =$ ⬚

$62 - 8 =$ ⬚ $57 - 8 =$ ⬚ $32 - 3 =$ ⬚

$91 - 9 =$ ⬚ $24 - 8 =$ ⬚ $45 - 9 =$ ⬚

3 일차 (두 자리 수)-(한 자리 수)

□ 안에 알맞은 답을 써넣으세요.

	4	10
	5̸	2
−		8
	4	4

	6	2
−		7

	3	3
−		4

	4	6
−		9

	8	5
−		9

	6	3
−		6

	9	1
−		6

	7	6
−		9

	5	3
−		8

	6	2
−		5

	2	5
−		9

	4	5
−		9

	4	1
−		7

	2	7
−		8

	6	4
−		9

	8	2
−		6

84

계산을 하세요.

```
    6  2           2  2           5  2           3  4
 -     4        -     3        -     9        -     6
 ─────────      ─────────      ─────────      ─────────
```

```
    9  5           8  5           7  2           2  2
 -     9        -     6        -     4        -     9
 ─────────      ─────────      ─────────      ─────────
```

```
    8  2           4  2           9  3           6  1
 -     5        -     9        -     7        -     8
 ─────────      ─────────      ─────────      ─────────
```

```
    7  1           2  4           3  7           4  3
 -     5        -     9        -     8        -     8
 ─────────      ─────────      ─────────      ─────────
```

4일차 **(두 자리 수)-(한 자리 수)**

□ 안에 알맞은 답을 써넣으세요.

72-5

	6̷ 10	
	7̸	2
-		5
	6	7

82-4

	8	2
-		4

41-6

	4	1
-		6

64-9

	6	4
-		9

36-8

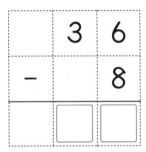

	3	6
-		8

80-6

	8	0
-		6

51-7

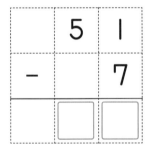

	5	1
-		7

91-4

	9	1
-		4

65-6

	6	5
-		6

32-7

	3	2
-		7

81-3

	8	1
-		3

21-5

	2	1
-		5

계산을 하세요.

50 - 4   72 - 6   35 - 9   64 - 6

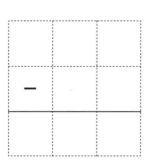

44 - 8   31 - 8   83 - 6   24 - 9

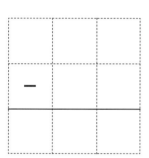

72 - 9   43 - 7   23 - 7   53 - 5

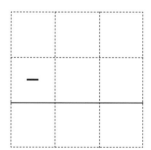

26 - 8   90 - 5   31 - 7   35 - 6

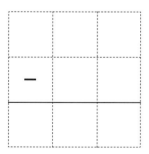

공부한 날짜

계산을 하세요.

$30 - 5 =$ ☐ $91 - 2 =$ ☐ $75 - 9 =$ ☐

$27 - 9 =$ ☐ $86 - 8 =$ ☐ $21 - 4 =$ ☐

$30 - 1 =$ ☐ $45 - 9 =$ ☐ $23 - 4 =$ ☐

$50 - 2 =$ ☐ $51 - 7 =$ ☐ $42 - 6 =$ ☐

$62 - 5 =$ ☐ $96 - 9 =$ ☐ $32 - 7 =$ ☐

$92 - 3 =$ ☐ $73 - 6 =$ ☐ $61 - 6 =$ ☐

$77 - 8 =$ ☐ $45 - 8 =$ ☐ $20 - 1 =$ ☐

$46 - 7 =$ ☐ $92 - 7 =$ ☐ $76 - 9 =$ ☐

$20 - 2 =$ ☐ $32 - 4 =$ ☐ $64 - 5 =$ ☐

계산을 하세요.

	3	2
−		9

	5	4
−		8

	9	0
−		7

	2	3
−		8

	6	3
−		5

	3	2
−		3

	4	5
−		6

	2	2
−		4

	2	4
−		5

	7	2
−		5

	8	6
−		7

	5	0
−		4

	3	7
−		9

	2	6
−		8

	5	1
−		8

	8	0
−		4

31단계
(두 자리 수)-(한 자리 수)

80~81쪽

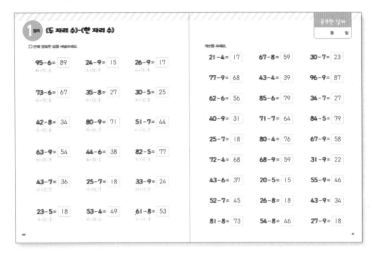

82~83쪽

84~85쪽

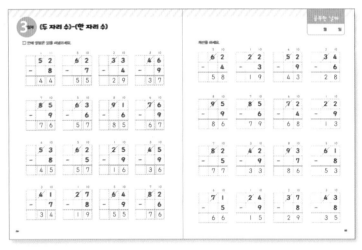

86~87쪽

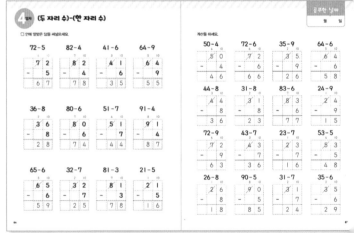

88~89쪽

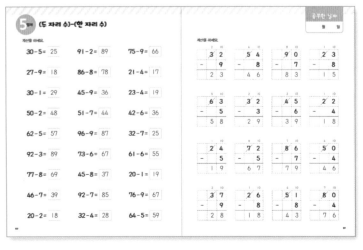

42-8

(두 자리 수)±(한 자리 수)

받아올림이 있는 (두 자리 수)+(한 자리 수)와 받아내림이 있는
(두 자리 수)−(한 자리 수)를 복습해 봅니다. 받아올림과 받아내림을
실수하지 않도록 반복해서 연습하는 것이 중요합니다.

이렇게 계산해요!

★ 받아올림이 있는 (두 자리 수)+(한 자리 수)

$$25 + 7 = 32$$
20 + [5 + 7]

$$25 + 7 = 32$$
[25 + 5] + 2

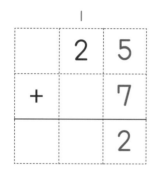 ➡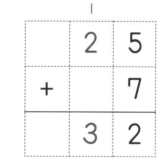

★ 받아내림이 있는 (두 자리 수)−(한 자리 수)

$$32 - 7 = 25$$
22 + [10 − 7]

$$32 - 7 = 25$$
[32 − 2] − 5

	2	10
	3̸	2
−		7
		5

➡

	2	10
	3̸	2
−		7
	2	5

(두 자리 수)±(한 자리 수)

□ 안에 알맞은 답을 써넣으세요.

75 + 9 = 84
70 + 5 + 9

53 + 9 = ☐
50 + 3 + 9

67 + 8 = ☐
60 + 7 + 8

28 + 6 = ☐
20 + 8 + 6

45 + 8 = ☐
40 + 5 + 8

75 + 7 = ☐
70 + 5 + 7

89 + 8 = ☐
80 + 9 + 8

22 + 9 = ☐
20 + 2 + 9

66 + 9 = ☐
60 + 6 + 9

69 + 3 = ☐
69 + 1 + 2

57 + 9 = ☐
57 + 3 + 6

79 + 6 = ☐
79 + 1 + 5

36 + 7 = ☐
36 + 4 + 3

26 + 9 = ☐
26 + 4 + 5

49 + 6 = ☐
49 + 1 + 5

88 + 5 = ☐
88 + 2 + 3

55 + 9 = ☐
55 + 5 + 4

16 + 7 = ☐
16 + 4 + 3

계산을 하세요.

$46 + 8 =$

$89 + 9 =$

$25 + 6 =$

$65 + 5 =$

$44 + 7 =$

$28 + 5 =$

$45 + 7 =$

$37 + 5 =$

$17 + 7 =$

$57 + 8 =$

$42 + 8 =$

$34 + 8 =$

$68 + 6 =$

$56 + 7 =$

$77 + 7 =$

$15 + 9 =$

$63 + 8 =$

$25 + 8 =$

$67 + 6 =$

$86 + 8 =$

$87 + 7 =$

$36 + 9 =$

$27 + 5 =$

$87 + 5 =$

$79 + 7 =$

$84 + 7 =$

$45 + 6 =$

(두 자리 수)±(한 자리 수)

□ 안에 알맞은 답을 써넣으세요.

	1	
	5	6
+		7
	6	3

	2	5
+		9

	7	6
+		9

	4	3
+		9

	8	5
+		5

	6	8
+		8

	3	5
+		6

	5	9
+		1

	1	9
+		8

	5	4
+		7

	4	9
+		3

	8	5
+		9

	4	8
+		8

	5	7
+		4

	1	3
+		9

	2	9
+		7

계산을 하세요.

$$
\begin{array}{r}
2\ 8 \\
+\ \ \ 5 \\
\hline
\end{array}
\qquad
\begin{array}{r}
5\ 6 \\
+\ \ \ 5 \\
\hline
\end{array}
\qquad
\begin{array}{r}
6\ 4 \\
+\ \ \ 9 \\
\hline
\end{array}
\qquad
\begin{array}{r}
3\ 7 \\
+\ \ \ 7 \\
\hline
\end{array}
$$

$$
\begin{array}{r}
7\ 7 \\
+\ \ \ 5 \\
\hline
\end{array}
\qquad
\begin{array}{r}
4\ 8 \\
+\ \ \ 9 \\
\hline
\end{array}
\qquad
\begin{array}{r}
8\ 5 \\
+\ \ \ 6 \\
\hline
\end{array}
\qquad
\begin{array}{r}
5\ 9 \\
+\ \ \ 4 \\
\hline
\end{array}
$$

$$
\begin{array}{r}
1\ 9 \\
+\ \ \ 1 \\
\hline
\end{array}
\qquad
\begin{array}{r}
2\ 6 \\
+\ \ \ 5 \\
\hline
\end{array}
\qquad
\begin{array}{r}
4\ 7 \\
+\ \ \ 8 \\
\hline
\end{array}
\qquad
\begin{array}{r}
7\ 5 \\
+\ \ \ 5 \\
\hline
\end{array}
$$

$$
\begin{array}{r}
3\ 5 \\
+\ \ \ 7 \\
\hline
\end{array}
\qquad
\begin{array}{r}
1\ 7 \\
+\ \ \ 3 \\
\hline
\end{array}
\qquad
\begin{array}{r}
6\ 7 \\
+\ \ \ 3 \\
\hline
\end{array}
\qquad
\begin{array}{r}
5\ 6 \\
+\ \ \ 6 \\
\hline
\end{array}
$$

(두 자리 수)±(한 자리 수)

□ 안에 알맞은 답을 써넣으세요.

21 − 2 = 19
11 + 10 − 2

30 − 5 =
20 + 10 − 5

82 − 5 =
72 + 10 − 5

25 − 7 =
15 + 10 − 7

26 − 9 =
16 + 10 − 9

33 − 9 =
23 + 10 − 9

63 − 4 =
53 + 10 − 4

40 − 7 =
30 + 10 − 7

71 − 8 =
61 + 10 − 8

36 − 8 =
36 − 6 − 2

42 − 6 =
42 − 2 − 4

26 − 8 =
26 − 6 − 2

82 − 5 =
82 − 2 − 3

76 − 9 =
76 − 6 − 3

33 − 8 =
33 − 3 − 5

34 − 9 =
34 − 4 − 5

52 − 8 =
52 − 2 − 6

81 − 7 =
81 − 1 − 6

계산을 하세요.

90 - 7 = ☐   20 - 1 = ☐   83 - 4 = ☐

44 - 8 = ☐   33 - 5 = ☐   71 - 6 = ☐

71 - 4 = ☐   56 - 9 = ☐   45 - 9 = ☐

84 - 6 = ☐   51 - 6 = ☐   24 - 8 = ☐

23 - 9 = ☐   82 - 8 = ☐   74 - 9 = ☐

91 - 7 = ☐   54 - 5 = ☐   25 - 9 = ☐

63 - 8 = ☐   24 - 9 = ☐   30 - 6 = ☐

52 - 9 = ☐   92 - 9 = ☐   21 - 8 = ☐

50 - 8 = ☐   65 - 7 = ☐   90 - 3 = ☐

(두 자리 수)±(한 자리 수)

□ 안에 알맞은 답을 써넣으세요.

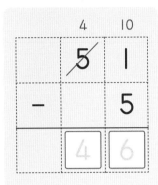

```
      4  10
      5̶  1
  -      5
  ─────────
      4  6
```

```
      6  3
  -      7
  ─────────
     □  □
```

```
      3  6
  -      7
  ─────────
     □  □
```

```
      4  1
  -      9
  ─────────
     □  □
```

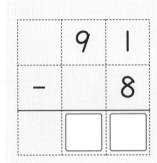

```
      8  2
  -      9
  ─────────
     □  □
```

```
      5  3
  -      6
  ─────────
     □  □
```

```
      9  1
  -      8
  ─────────
     □  □
```

```
      7  0
  -      2
  ─────────
     □  □
```

```
      5  4
  -      7
  ─────────
     □  □
```

```
      4  3
  -      6
  ─────────
     □  □
```

```
      7  2
  -      5
  ─────────
     □  □
```

```
      6  2
  -      9
  ─────────
     □  □
```

```
      4  0
  -      6
  ─────────
     □  □
```

```
      3  2
  -      7
  ─────────
     □  □
```

```
      2  2
  -      5
  ─────────
     □  □
```

```
      8  4
  -      8
  ─────────
     □  □
```

계산을 하세요.

	7	3
−		8

	4	2
−		5

	9	4
−		9

	3	4
−		6

	8	0
−		3

	5	2
−		7

	4	5
−		6

	2	2
−		3

	7	2
−		7

	3	2
−		5

	6	3
−		4

	2	4
−		8

	9	4
−		5

	5	5
−		9

	8	7
−		8

	4	3
−		5

계산을 하세요.

$85 + 7 =$ ☐

$35 - 6 =$ ☐

$71 + 9 =$ ☐

$44 - 8 =$ ☐

$38 + 8 =$ ☐

$91 - 7 =$ ☐

$79 + 5 =$ ☐

$21 - 6 =$ ☐

$14 + 8 =$ ☐

$25 - 9 =$ ☐

$17 + 4 =$ ☐

$73 - 5 =$ ☐

$22 + 9 =$ ☐

$63 - 4 =$ ☐

$86 + 6 =$ ☐

$41 - 2 =$ ☐

$53 + 9 =$ ☐

$23 - 7 =$ ☐

$26 + 8 =$ ☐

$76 - 8 =$ ☐

$35 + 6 =$ ☐

$52 - 9 =$ ☐

$44 + 8 =$ ☐

$75 - 8 =$ ☐

$47 + 8 =$ ☐

$94 - 7 =$ ☐

$53 + 7 =$ ☐

계산을 하세요.

	1	9
+		4

	5	7
+		6

	4	5
+		6

	3	3
+		9

	2	8
+		5

	4	9
+		2

	3	5
+		7

	1	6
+		4

	7	3
−		7

	8	0
−		4

	5	2
−		5

	2	4
−		9

	4	4
−		5

	6	1
−		7

	9	1
−		6

	7	5
−		9

32단계
(두 자리 수)±(한 자리 수)

92~93쪽

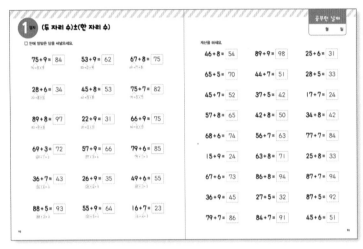

94~95쪽

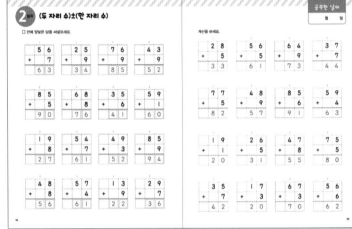

96~97쪽

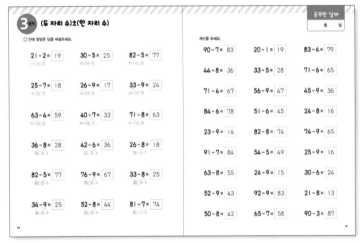

98~99쪽

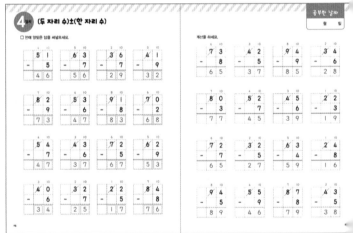

100~101쪽

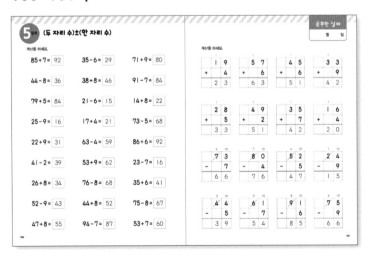

23+9

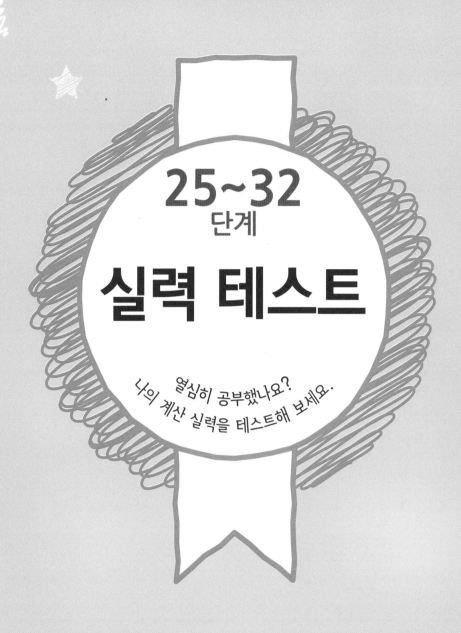

25~32
단계

실력 테스트

열심히 공부했나요?
나의 계산 실력을 테스트해 보세요.

실력 테스트

월   일

점

각 문항당 5점

빈칸에 알맞은 답을 써넣으세요.

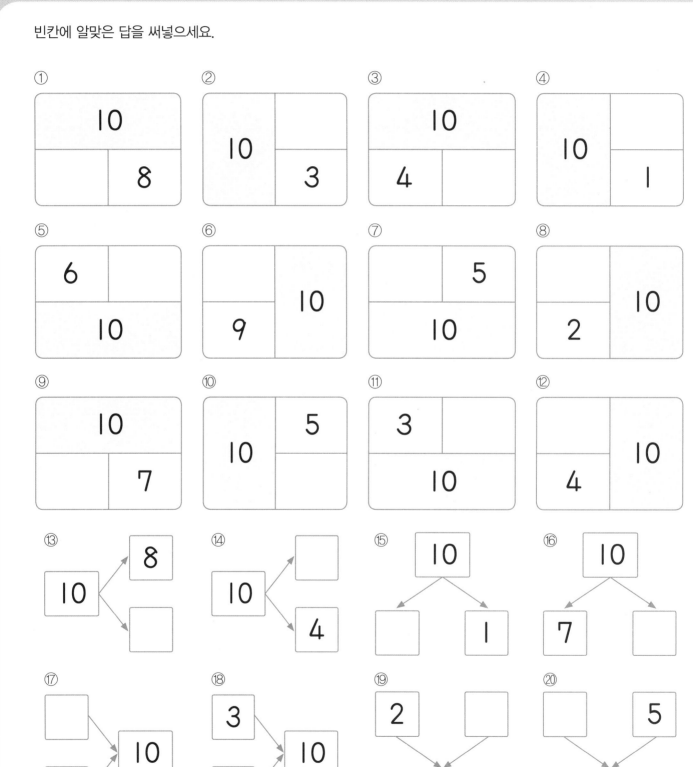

①
```
10
    8
```

②
```
10
    3
```

③
```
10
4
```

④
```
10
    1
```

⑤
```
6
10
```

⑥
```
    10
9
```

⑦
```
    5
10
```

⑧
```
    10
2
```

⑨
```
10
    7
```

⑩
```
    5
10
```

⑪
```
3
    10
```

⑫
```
    10
4
```

⑬ 10 → 8, □

⑭ 10 → □, 4

⑮ 10 → □, 1

⑯ 10 → 7, □

⑰ □, 9 → 10

⑱ 3, □ → 10

⑲ 2, □ → 10

⑳ □, 5 → 10

실력 테스트

각 문항당 5점

□ 안에 알맞은 답을 써넣으세요.

① [ ] +6 =10

② [ ] +1 =10

③ [ ] +2 =10

④ [ ] +3 =10

⑤ [ ] +7 =10

⑥ [ ] +5 =10

⑦ [ ] +8 =10

⑧ [ ] +9 =10

⑨ [ ] +4 =10

⑩ 3+7 = [ ]

⑪ 8+ [ ] =10

⑫ 1+ [ ] =10

⑬ 6+ [ ] =10

⑭ 4+ [ ] =10

⑮ 9+ [ ] =10

⑯ 5+ [ ] =10

⑰ 3+ [ ] =10

⑱ 2+ [ ] =10

⑲ 7+ [ ] =10

⑳ 6+4 = [ ]

실력 테스트

□ 안에 알맞은 답을 써넣으세요.

① 10 - 3 = ☐

② 10 - 2 = ☐

③ 10 - 7 = ☐

④ 10 - 4 = ☐

⑤ 10 - 9 = ☐

⑥ 10 - 5 = ☐

⑦ 10 - 8 = ☐

⑧ 10 - 6 = ☐

⑨ 10 - 1 = ☐

⑩ ☐ - 2 = 8

⑪ 10 - ☐ = 3

⑫ 10 - ☐ = 8

⑬ 10 - ☐ = 9

⑭ 10 - ☐ = 4

⑮ 10 - ☐ = 6

⑯ 10 - ☐ = 2

⑰ 10 - ☐ = 5

⑱ 10 - ☐ = 7

⑲ 10 - ☐ = 1

⑳ ☐ - 6 = 4

실력 테스트

각 문항당 5점

계산을 하세요.

① 5+9 =

② 9+8 =

③ 3+8 =

④ 8+4 =

⑤ 6+9 =

⑥ 7+9 =

⑦ 4+8 =

⑧ 6+5 =

⑨ 9+3 =

⑩ 4+7 =

⑪ 8+5 =

⑫ 3+9 =

⑬ 6+7 =

⑭ 8+6 =

⑮ 2+9 =

⑯ 7+5 =

⑰ 9+5 =

⑱ 5+7 =

⑲ 9+4 =

⑳ 6+6 =

실력 테스트

각 문항당 5점

계산을 하세요.

① 11 - 5 = ☐

② 14 - 5 = ☐

③ 13 - 9 = ☐

④ 15 - 7 = ☐

⑤ 14 - 7 = ☐

⑥ 12 - 9 = ☐

⑦ 18 - 9 = ☐

⑧ 15 - 8 = ☐

⑨ 14 - 6 = ☐

⑩ 16 - 9 = ☐

⑪ 15 - 6 = ☐

⑫ 11 - 9 = ☐

⑬ 12 - 4 = ☐

⑭ 11 - 4 = ☐

⑮ 16 - 8 = ☐

⑯ 12 - 6 = ☐

⑰ 13 - 6 = ☐

⑱ 12 - 3 = ☐

⑲ 13 - 5 = ☐

⑳ 17 - 8 = ☐

각 문항당 5점

계산을 하세요.

① 13 + 9 = ☐

② 28 + 3 = ☐

③ 58 + 8 = ☐

④ 67 + 9 = ☐

⑤ 45 + 7 = ☐

⑥ 35 + 6 = ☐

⑦ 89 + 5 = ☐

⑧ 12 + 9 = ☐

⑨ 65 + 9 = ☐

⑩ 56 + 8 = ☐

⑪ 76 + 7 = ☐

⑫ 43 + 8 = ☐

⑬
```
    3 2
+     9
-------
```

⑭
```
    1 6
+     4
-------
```

⑮
```
    7 5
+     7
-------
```

⑯
```
    2 9
+     6
-------
```

⑰
```
    4 7
+     9
-------
```

⑱
```
    6 4
+     8
-------
```

⑲
```
    5 9
+     5
-------
```

⑳
```
    8 8
+     3
-------
```

31단계 실력 테스트

계산을 하세요.

① 43 - 9 = ☐

② 73 - 6 = ☐

③ 91 - 4 = ☐

④ 52 - 8 = ☐

⑤ 25 - 7 = ☐

⑥ 43 - 5 = ☐

⑦ 60 - 9 = ☐

⑧ 82 - 4 = ☐

⑨ 36 - 8 = ☐

⑩ 44 - 7 = ☐

⑪ 75 - 6 = ☐

⑫ 32 - 5 = ☐

⑬
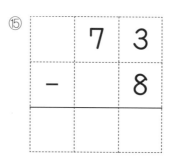

$$\begin{array}{r} 6\ 4 \\ -\quad 6 \\ \hline \end{array}$$

⑭
$$\begin{array}{r} 4\ 5 \\ -\quad 9 \\ \hline \end{array}$$

⑮
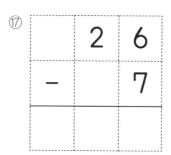

$$\begin{array}{r} 7\ 3 \\ -\quad 8 \\ \hline \end{array}$$

⑯
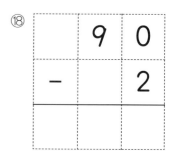

$$\begin{array}{r} 3\ 2 \\ -\quad 3 \\ \hline \end{array}$$

⑰
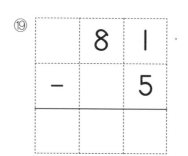

$$\begin{array}{r} 2\ 6 \\ -\quad 7 \\ \hline \end{array}$$

⑱
$$\begin{array}{r} 9\ 0 \\ -\quad 2 \\ \hline \end{array}$$

⑲
$$\begin{array}{r} 8\ 1 \\ -\quad 5 \\ \hline \end{array}$$

⑳
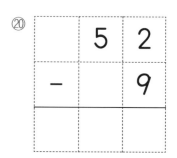

$$\begin{array}{r} 5\ 2 \\ -\quad 9 \\ \hline \end{array}$$

32 단계 실력 테스트

월	일

점

각 문항당 5점

계산을 하세요.

① 86 + 7 = ☐

② 21 − 4 = ☐

③ 35 + 9 = ☐

④ 62 − 6 = ☐

⑤ 73 + 8 = ☐

⑥ 43 − 7 = ☐

⑦ 26 + 6 = ☐

⑧ 96 − 9 = ☐

⑨ 29 + 3 = ☐

⑩ 82 − 7 = ☐

⑪ 62 + 9 = ☐

⑫ 53 − 5 = ☐

⑬
```
    4 8
+     2
-------
```

⑭
```
    5 4
-     9
-------
```

⑮
```
    5 9
+     7
-------
```

⑯
```
    9 2
-     7
-------
```

⑰
```
    1 4
+     8
-------
```

⑱
```
    7 5
-     8
-------
```

⑲
```
    3 6
+     5
-------
```

⑳
```
    6 1
-     5
-------
```

정답 실력 테스트

25단계 104쪽

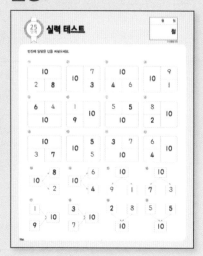

26단계 105쪽

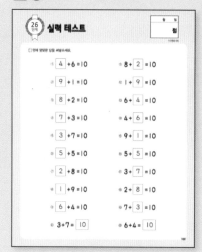

27단계 106쪽

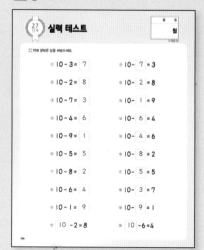

28단계 107쪽

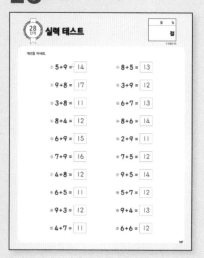

29단계 108쪽

30단계 109쪽

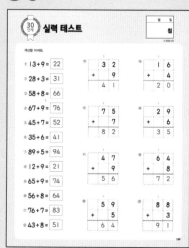

31단계 110쪽

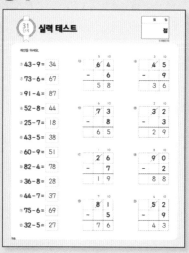

32단계 111쪽

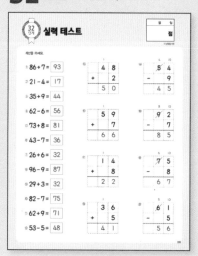

5+5

날마다 10분 계산력

계산력의 기초를 다지기 시작하는 **취학 전 유아부터 초등학교 3학년 과정**까지 연계하여 공부할 수 있는 **계산력 집중 강화 훈련 프로그램**이에요.
나에게 맞는 단계를 선택하여 계산 실력을 키워 보세요!

K 1~4 단계 [유아 5~6세]

- 9 이내의 수 가르기와 모으기
- 9 이내의 덧셈과 뺄셈
- 한 자리 수의 덧셈과 뺄셈
- 100까지의 수 / 덧셈과 뺄셈

P 1~4 단계 [유아 6~7세]

- 10 가르기와 모으기
- 두 자리 수의 덧셈과 뺄셈
- 10을 이용한 덧셈과 뺄셈
- 10보다 큰 덧셈과 뺄셈

A 1~4 단계 [7세~초등 1학년]

- 한 자리 수의 덧셈과 뺄셈
- 한/두 자리 수의 덧셈과 뺄셈
- 두 자리 수의 덧셈과 뺄셈
- 10을 이용한 덧셈과 뺄셈

B 1~4 단계 [초등 2학년]

- 두 자리 수의 덧셈과 뺄셈
- 두 자리 수의 덧셈과 뺄셈 / 곱셈구구의 기초
- 곱셈구구
- 곱셈구구 / 세 자리 수의 덧셈과 뺄셈

C 1~4 단계 [초등 3학년]

- 세 자리 수의 덧셈과 뺄셈 / 곱셈과 나눗셈의 기초
- 두 자리 수의 곱셈 / 네 자리 수의 덧셈과 뺄셈
- 두/세 자리 수의 곱셈과 나눗셈 I
- 두/세 자리 수의 곱셈과 나눗셈 II

날마다 10분 계산력

애플비
applebeebooks

〈날마다 10분 계산력〉은 초등학교 수학 교과 과정을 체계적으로 분석하고
반영한 교재로 수학 개념의 난이도에 따라 조금씩 수준을 높여 가며
계산력을 키울 수 있도록 구성되었습니다.
쉬운 개념 설명으로 시작하여, 하나의 문제에 접근하는 다양한 방법을 제시하고
각 방법들이 충분히 익숙해질 때까지 반복하여 익힐 수 있도록
연습 문제도 풍부하게 실려 있어 매일 일정한 시간을 정해 두고 연습하면
기초 계산력을 키우는 데 큰 도움이 될 것입니다.

– 서울교육대학교 수학교육과 강완 교수 –

• 유아 •

유아들을 위한
쉽고 재미있는
계산력 첫걸음!

차근차근
초등 수학을
준비해요!

• 초등 •

초등학교
수학 교과 과정
적극 반영!

개념과 원리를
파악하며
계산 실력을
길러요!

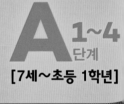

K 1~4 단계
[유아 5~6세]

P 1~4 단계
[유아 6~7세]

A 1~4 단계
[7세~초등 1학년]

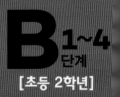

B 1~4 단계
[초등 2학년]

C 1~4 단계
[초등 3학년]

초판 1쇄 발행 2023년 6월 10일 | 발행처 ㈜애플비북스 | 발행인 오형석 | 글 조재은 | 그림 조현옥
편집장 이미현 | 표지디자인 디자인닷 | 디자인진행 조현옥 김윤회
제작책임 고강석 | 주소 서울 마포구 창전로 74 여촌빌딩 3층 | 신고번호 제406-2010-000086호 | 등록일자 2010년 9월 6일
대표전화 02-707-9999 | 도서문의 070-8877-2503 | 팩스 02-707-9992
©㈜애플비북스 2023   이 책에 실린 글과 그림의 무단 전재나 복제를 금합니다.

값 6,000원

applebeebook.com

74370

ISBN 979-11-92739-13-7
ISBN 979-11-92739-01-4 (세트)

초판 1쇄 발행 2023년 6월 10일

1. 제조자명 : ㈜애플비북스
2. 주소 및 전화 : 서울 마포구 창전로 74 여촌빌딩 3층
   070-8877-2503
3. 제조년월 : 2023년 6월
4. 제조국 : 한국
5. 사용연령 : 36개월 이상
6. 취급상 주의 사항
   책장에 손이 베일 수 없으니 주의하세요.
   단계나 실린 유형을 추가 마세요.
7. KC마크는 이 제품이 공통안전기준에 적합하였음을 의미합니다.